West Nipissing Public Library

© 2003 Creative Homeowner, une division de Federal Marketing Upper Saddle River NJ
Paru sous le titre original de : Basements

LES PUBLICATIONS MODUS VIVENDI INC.
5150, boul. Saint-Laurent, 1er étage
Montréal (Québec)
Canada
H2T 1R8

Design de la couverture : Marc Alain
Infographie : Modus Vivendi
Traduction : Michel Savage

Dépôt légal : 1er trimestre 2004
Bibliothèque nationale du Québec
Bibliothèque nationale du Canada
Bibliothèque nationale de Paris

ISBN : 2-89523-229-6

Tous droits réservés. Imprimé en Chine. Aucune section de cet ouvrage ne peut être reproduite, mémorisée dans un système central ou transmise de quelque manière que ce soit ou par quelque procédé, électronique, mécanique, photocopie, enregistrement ou autre, sans la permission écrite de l'éditeur.

Avant d'amorcer la réalisation d'un projet, familiarisez-vous avec les instructions des fabricants d'outils, d'équipement et de matériaux. Bien que nous ayons pris toutes les précautions possibles pour assurer l'exactitude du contenu de ce livre, ni l'auteur ni l'éditeur ne sont responsables d'une interprétation erronée des conseils prodigués ici, ou de leur application fautive, ou d'erreurs dues à la typographie.

Nous reconnaissons l'aide financière du gouvernement du Canada par l'entremise du Programme d'aide au développement de l'industrie de l'édition (PADIÉ) pour nos activités d'édition.
Gouvernement du Québec — Programme de crédit d'impôt pour l'édition de livres — Gestion SODEC

Équivalences

Longueur

1 pouce	25,4 mm
1 pied	0,3048 m
1 verge	0,9144 m
1 mille	1,61 km

Surface

1 pouce carré	645 mm^2
1 pied carré	0,0929 m^2
1 verge carrée	0,8361 m^2
1 acre	4046,86 m^2
1 mille carré	2,59 km^2

Volume

1 pouce cube	16,3870 cm^3
1 pied cube	0,03 m^3
1 verge cube	0,77 m^3

Dimensions du bois d'œuvre

1 x 2	19 X 38 mm
1 x 4	19 X 89 mm
2 x 2	38 X 38 mm
2 x 4	38 X 89 mm
2 x 6	38 X 140 mm
2 x 8	38 X 184 mm
2 x 10	38 X 235 mm
2 x 12	38 X 286 mm

Dimensions des panneaux

4 x 8 pi	120 X 240 cm
4 x 10 pi	120 X 300 cm

Épaisseur des panneaux

1/4 po	6 mm
3/8 po	10 mm
1/2 po	12 mm
3/4 po	19 mm

Capacités

1 once fluide	29,57 mL
1 pinte	1,14 L
1 gallon (U.S.)	3,79 L

Températures

Celsius = Fahrenheit − 32 X 5/9
Fahrenheit = Celsius X 1,8 + 32

Crédits Photographiques

page 1: Christopher Covey/Beateworks.com, designer: Kathleen Formanack **page 3:** *de bas en haut* courtoisie de Georgia-Pacific; courtoisie de Kohler; courtoisie de Daltile; courtoisie de Thibaut **page 5:** *haut à gauche* courtoisie de Armstrong World Industries; *haut à droite* courtoisie de Georgia-Pacific; *bas à droite et bas à gauche* www.davidduncanlivingston.com **page 11:** *gauche et haut à droite* www.davidduncanlivingston.com; *bas à droite* Tony Giammarino **page 19:** *haut à gauche* Mark Lohman; *haut à droite* courtoisie de Thibaut; *bas à droite* Mark Samu; *bas à gauche* courtoisie de Thibaut **page 29:** *haut à gauche* courtoisie de Mannington Floors; *haut à droite* Jessie Walker; *bas* courtoisie de Mannington Floors; *milieu à gauche* Jessie Walker **page 33:** *haut à gauche* Phillip H. Ennis Photography; *haut à droite* courtoisie de Brewster Wallcoverings; *milieu à droite* courtoisie de Eisenhart Wallcoverings; *bas à droite* Jessie Walker; *bas à gauche* Brad Simmons Photography **page 47:** *haut* courtoisie de L.E. Johnson Products, Inc.; *bas à droite* courtoisie de Craftmaster; *bas à gauche* Al Teufen, designer: Interiorworks **page 53:** *haut à gauche* Holly Stickley; *haut à droite* courtoisie de Soho Corporation; *bas à droite* courtoisie de Kraftmaid Cabinetry; *bas à gauche* Tim Street-Porter/Beateworks, architecte: Pierre Koenig **page 63:** *haut à gauche* Mark Samu; *haut à droite* Tony Giammarino; *bas à droite* courtoisie de Mannington Floors; *bas à gauche* courtoisie de Georgia-Pacific

table des matières

CHAPITRE 1 La planification — 5

Le plan des pièces • L'éclairage

CHAPITRE 2 L'étendue du projet — 11

Évaluer le sous-sol • Découvrir les dangers potentiels pour la santé
Planifier en fonction des services publics • Qui réalisera les travaux ?
Les codes du bâtiment

CHAPITRE 3 La préparation générale — 19

Réparer une solive • Éliminer les problèmes d'humidité
Les escaliers • Dissimuler les systèmes mécaniques

CHAPITRE 4 La préparation du plancher — 29

Réparer un plancher de béton • Peindre un plancher de béton
Installer un sous-plancher isolé

CHAPITRE 5 Les murs — 33

Fixer des objets au béton • Les murs d'isolement • Isoler les murs

CHAPITRE 6 Les ouvertures — 47

Les fenêtres • Les portes et leur cadrage

CHAPITRE 7 L'électricité et l'eau — 53

Le câblage • Le câblage sur les murs de béton • La canalisation

CHAPITRE 8 La finition — 63

Travailler avec poutres et piliers • Peindre les murs de béton
Les plaques de plâtre • La finition des plaques de plâtre
Les plafonds suspendus • La finition des planchers

Glossaire — 79

Index — 80

La sécurité avant tout

Bien que les devis et les méthodes présentés dans ce livre aient été rigoureusement révisés en matière de sécurité, on ne peut surévaluer l'importance de la sécurité en construction. Ce qui suit n'est qu'un rappel de quelques conseils de base pour la menuiserie ; en général, dans ce domaine, le bon sens l'emporte toujours.

- Faites toujours preuve de prudence et de jugement en suivant les procédures de ce livre.

- Assurez-vous que votre installation électrique est sécuritaire, que vous ne surchargez pas les circuits et que tous vos outils et prises de courant ont une mise à la terre. N'utilisez pas d'outils électriques dans des lieux humides.

- Lisez toujours les étiquettes sur les contenants de peinture, diluants et autres produits; assurez une bonne ventilation et observez toutes les mises en garde.

- Lisez toujours les instructions du manufacturier, particulièrement les avertissements, avant d'utiliser un outil.

- Utilisez toujours verrouillages et poussoirs lorsque vous travaillez avec une scie circulaire à table. Évitez de scier de petites pièces.

- Retirez toujours la clé du mandrin avant de démarrer la perceuse (à main ou à colonne).

- Portez toujours attention au fonctionnement d'un outil, avant de l'utiliser, pour éviter de vous blesser.

- Connaissez les limites de vos outils. Ne les forcez pas à accomplir des travaux pour lesquels ils ne sont pas conçus.

- Assurez-vous qu'un réglage est verrouillé avant de procéder. Par exemple, vérifiez le guide de refend sur un plateau de sciage ou le blocage de l'inclinaison sur une scie circulaire avant d'entreprendre la tâche.

- Fixez fermement les petites pièces à un établi ou à une autre surface solide avant de les modifier avec un outil électrique.

- Portez des gants appropriés quand vous manipulez des produits chimiques, déplacez ou empilez du bois, ou réalisez de gros travaux de construction.

- Portez un masque jetable lorsque vous produisez de la poussière en sciant ou en ponçant. Portez un masque à filtre si vous manipulez des substances et diluants toxiques.

- Portez toujours des lunettes de sécurité, surtout si vous utilisez des outils électriques ou si vous frappez métal contre métal ou métal contre béton – un éclat peut jaillir lorsque vous taillez du béton.

- Soyez toujours conscient du fait que dans une situation dangereuse, vos réflexes sont inexorablement plus lents que tout outil électrique ; tout peut arriver très vite, soyez vigilant !

- Gardez vos mains loin des lames, couteaux et forets.

- Tenez une scie circulaire fermement, avec les deux mains.

- Utilisez la poignée auxiliaire d'une perceuse pour contrôler l'effet de levier quand vous vous servez d'un gros foret.

- Vérifiez toujours les codes du bâtiment quand vous planifiez une construction. Ces codes sont destinés à vous protéger et doivent être observés à la lettre.

- Ne travaillez jamais avec des outils électriques si vous êtes fatigué ou sous l'influence de médicaments ou d'alcool.

- Ne coupez jamais de petites pièces de bois ou de tuyau avec une scie mécanique. Ne coupez de petites pièces qu'à partir de gros morceaux.

- Ne changez jamais de lame de scie, de fer de toupie ou de foret si l'appareil n'est pas débranché. Ne vous fiez pas sur l'interrupteur car vous pourriez rétablir le courant accidentellement.

- Ne travaillez jamais sous un éclairage insuffisant.

- Ne travaillez jamais avec des vêtements amples, des cheveux dénoués, des manches ouvertes ou des bijoux.

- Ne travaillez jamais avec des outils émoussés. Gardez-les bien tranchants en apprenant à les aiguiser vous-même.

- N'utilisez jamais d'outil électrique sur une pièce – grosse ou petite – qui n'est pas fermement retenue.

- Ne sciez jamais une pièce qui, trop longue et peu soutenue en son milieu, risquerait de plier et de bloquer la lame, ce qui causerait un retour de la scie.

- Ne supportez jamais avec votre jambe ou votre bras une pièce que vous sciez ou percez.

- Ne transportez jamais d'objet pointu ou tranchant dans votre poche. Si vous transportez des outils tels que des ciseaux ou des couteaux, utilisez des ceintures de cuir conçues à cette fin.

chapitre 1

La planification

Le plan des pièces

Selon la plupart des codes du bâtiment, tout lieu de séjour doit faire au moins 6,5 m² (70 pi²) de surface et au moins 2,1 m (84 po) dans chaque direction horizontale. Cette norme étant facile à respecter, la dimension des pièces sera donc dictée par la dimension des meubles qui s'y trouveront – une pièce de 6,5 m² (70 pi²) n'est pas idéale pour un très grand lit. De plus, souvenez-vous que le manque de lumière naturelle dans un sous-sol fait paraître les pièces plus petites. Ne supposez donc pas que la petite pièce si mignonne à l'étage sera aussi sympathique au sous-sol.

Les codes du bâtiment exigent habituellement que la hauteur du plafond fasse 2,3 m (90 po) sur au moins la moitié de toute pièce. Les seules exceptions à cette règle concernent les toilettes, les cuisines et les corridors dont le plafond peut être à 2,1 m (84 po). Si une mesure rapide entre le plancher du sous-sol et le bas des solives révèle un chiffre inférieur à ceux cités plus haut, il ne sera probablement pas possible d'obtenir un permis de rénovation.

Assurez-vous d'installer les fils de téléphone dans le sous-sol pour ne pas avoir à sprinter à l'étage chaque fois que le téléphone sonne. Ce câblage étant facile à installer, planifiez des prises partout, surtout si le sous-sol est vaste.

Planifier une salle de bains

Une salle de bains peut être à la fois petite et utile. Selon les codes du bâtiment, le plafond d'une salle de bains peut être à 2,1 m (84 po) du sol (soit 15 cm [6 po] plus bas que les autres pièces). Dans la plupart des cas, l'emplacement de cette pièce est dicté par l'accessibilité des canalisations (drain, déchets et évent) et de la ventilation (fenêtre extérieure ou ventilation mécanique). La canalisation est plus facile à installer et moins chère si on peut la

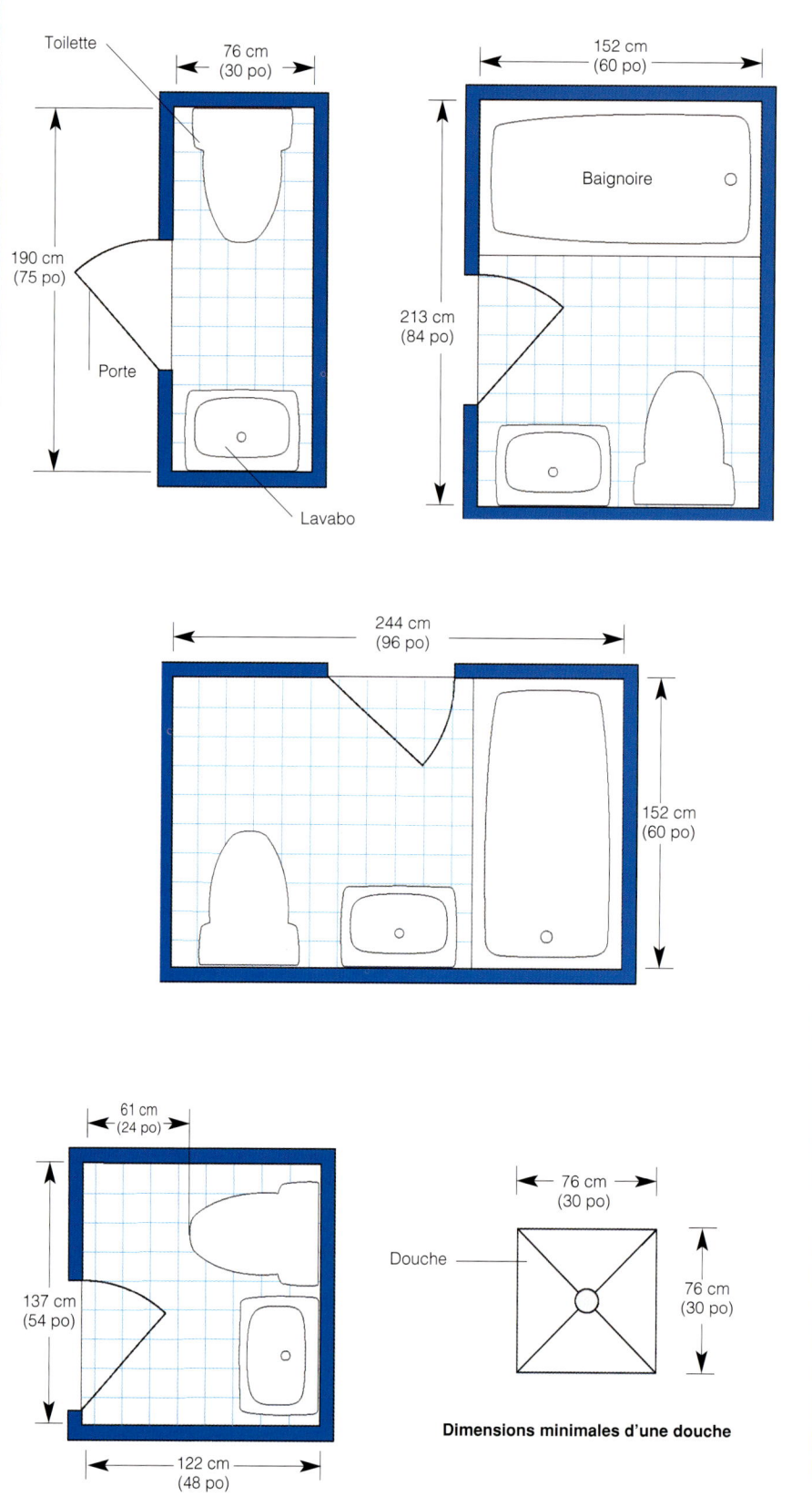

Planifier une salle de bains. Les exigences habituelles pour une salle de bains sont indiquées dans ce tableau. La hauteur libre peut être aussi basse que 2,1 m (7 pi).

relier au drain et à l'évent existants. C'est habituellement l'ajout d'une toilette qui complique le plus la construction d'une salle de bains de sous-sol car elle requiert un drain plus gros qu'un évier ou une douche. Plusieurs personnes estiment que l'ajout d'une douche dans un sous-sol est une amélioration considérable, surtout s'il y a une chambre ou deux.

Planifier une chambre

Le facteur le plus important dans la planification d'une chambre (et parfois le plus difficile à réaliser) est la nécessité d'une sortie de secours. Le code du bâtiment exige que toute chambre, dont celles du sous-sol, ait un accès direct à une porte ou une fenêtre qui peut servir de sortie de secours. La fenêtre doit se conformer à certaines normes et la porte doit mener directement dehors – non à une trappe inclinée. (Voir pages 48 à 52.)

Placards. La forme et les dimensions des placards dépendent de l'usage qu'on fera de la chambre. Un placard de dimensions modestes suffira pour une chambre d'invité mais pas pour une chambre principale. Les fabricants de systèmes de rangement sont de bonnes sources d'information et démontrent bien comment ranger le plus possible dans l'espace le plus restreint.

Planifier une salle de jeu

La polyvalence est la grande qualité d'une salle de jeu. Planifiez l'espace de façon à ce qu'il puisse servir à des activités diverses. Des cabinets sur roulettes, par exemple, peuvent être déplacés lorsqu'une horde de gamins descend au sous-sol pour une fête d'anniversaire. Trouvez des meubles que vous pouvez facilement déplacer ; érigez des unités de rangement adaptatifs et construisez des surfaces de murs et de planchers résistants à l'usage typique d'un sous-sol. Le revêtement de sol en vinyle, par exemple, n'est pas taché par des déversements de nourriture (des tapis bien placés le réchauffent) et les murs en préfini survivront mieux que les plaques de plâtre aux coups de queue de billard. Une couleur intense sur tous les murs peut être accablante, mais un seul mur très vif ou un motif mural en diagonale animent une pièce sombre. Les panneaux de préfini sont populaires dans les salles de jeu à cause de leur résistance et de leur chaleur. De plus, les lignes verticales de ces panneaux confèrent à la pièce une illusion de hauteur.

Bien qu'il n'y ait pas d'exigences électriques particulières affectant une salle de jeu, le meilleur plan est toujours le plus polyvalent. Installez le plus de prises de courant possible pour des électroménagers comme l'aspirateur. Des prises supplémentaires de câble permettront d'installer la télé en plusieurs endroits tout comme des prises téléphoniques peuvent s'avérer très utiles. Pensez aux passe-temps de votre famille et planifiez en fonction de tout ce qui pourrait exiger du courant – des étagères éclairées pour des collections ou de l'équipement de mise en forme.

Planifier un atelier

La solidité du plancher et des murs d'un sous-sol se prête admirablement bien aux exigences d'usure typique d'un atelier. Toutefois, puisque la hauteur du sous-sol est limitée, il faut prévoir un espace horizontal plus vaste pour manipuler des matériaux. Installez plusieurs prises de courant sur un circuit réservé de 20 ampères. Selon le type d'équipement que vous utiliserez, vous devrez prévoir des prises de 220 volts en plus de celles de 110 volts. D'autre part, à cause de la proximité des systèmes de chauffage (comme le réservoir à eau chaude) et du manque de ventilation, il n'est pas recommandé de faire usage de teintures et autres produits volatiles pour la finition du bois dans l'enceinte d'un atelier de sous-sol.

L'éclairage de l'atelier. Un bon éclairage est crucial dans un atelier. La combinaison idéale d'éclairage comprend des fluorescents pour l'éclairage général et des lampes incandescentes pour l'éclairage ponctuel ou supplémentaire. Câblez les incandescents à un disjoncteur mural (plus résistant à l'usage répétitif) et les fluorescents à un autre disjoncteur conçu pour votre présence à long terme dans l'atelier. Vous pouvez facilement régler la hauteur des fluorescents suspendus à de courtes chaînes légères. Essayez de trouver des ampoules incassables pour ces lampes.

Contrôle de la poussière. Contrôler la sciure est important. La poussière est nuisible lorsqu'elle se retrouve dans vos lieux de séjour (ou dans vos poumons) et peut causer des problèmes à vos appareils électriques, en particulier les fournaises. La poussière obstrue les filtres du système de chauffage à air pulsé ; même une chaudière peut être affectée par la poussière. Ce qui toutefois est le plus important dans le contrôle de la poussière, c'est le danger d'incendie et même d'explosion qu'elle représente en présence d'appareils de combustion. Ayez toujours un extincteur approprié à proximité.

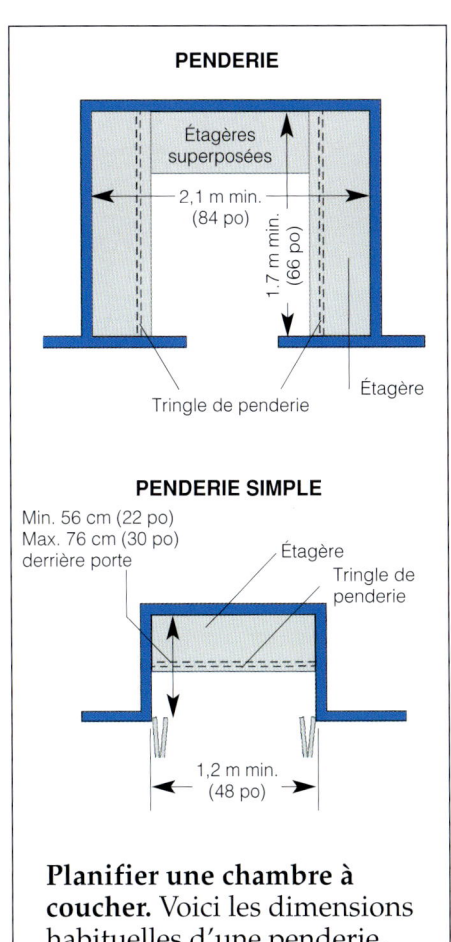

Planifier une chambre à coucher. Voici les dimensions habituelles d'une penderie.

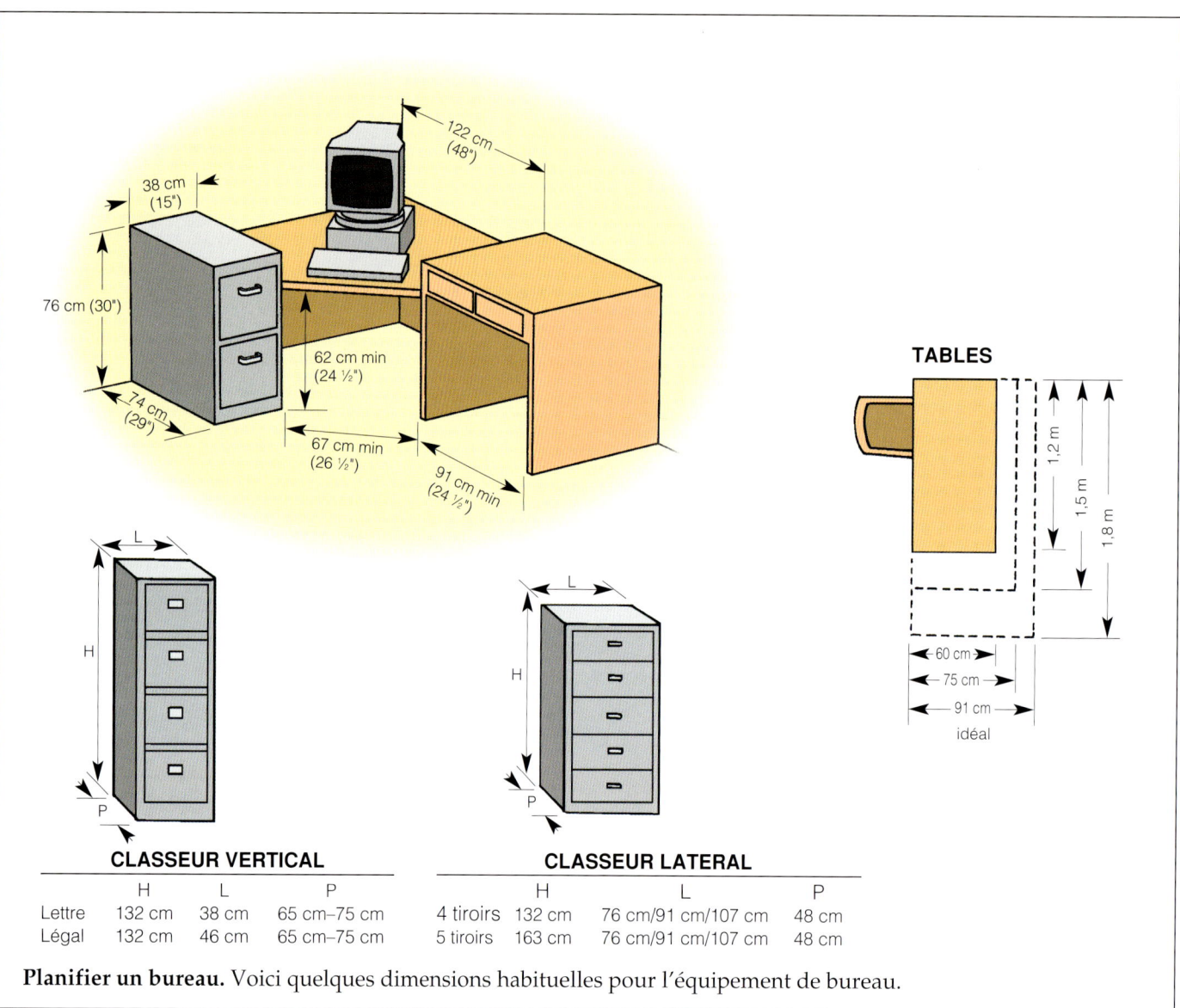

Planifier un bureau. Voici quelques dimensions habituelles pour l'équipement de bureau.

La meilleure stratégie de contrôle de la poussière est l'ajout de cloisons pour isoler l'atelier des pièces adjacentes. (Voir page 37.) Pour contenir la poussière au bon endroit, chaque porte d'atelier devrait être considérée comme une porte d'extérieur et être calfeutrée adéquatement.

Un système individuel de rétention adapté à chaque outil réduit l'émission de poussière considérablement mais pas complètement. Passez au moins l'aspirateur après l'usage d'un outil générateur de poussière.

Planifier un bureau

Étant donné que le bureau sera doté d'appareils comme ordinateur, imprimante, photocopieur et fax, prévoyez plusieurs prises de courant. Divisez ces prises en au moins deux circuits distincts pour empêcher que votre imprimante au laser très gourmande en courant ne fasse sauter le disjoncteur et ce faisant, elle efface les données en mémoire vive de l'ordinateur. Prévoyez le nombre de lignes téléphoniques dont vous aurez besoin. Tout ordinateur peut partager modem et ligne téléphonique normale. Toutefois, si vous êtes souvent en ligne et ce, pendant de longues périodes, il sera préférable d'avoir une ligne spécialisée. Avoir deux lignes vous permet aussi d'en consacrer une exclusivement aux affaires, ce qui facilite le contrôle des dépenses associées à cette ligne.

Tout bureau digne de ce nom doit comporter des étagères et des espaces de rangement pour les dossiers et les fournitures. Exploitez chaque mètre (pied) carré d'espace. Par exemple, si un classeur à quatre tiroirs n'est pas pratique, utilisez deux classeurs à deux tiroirs qui, côte à côte, offriront une surface pour une imprimante ou un télécopieur.

L'éclairage

Cachés du soleil sous des tonnes de terre et un plancher massif, les sous-sols représentent un défi en ce qui a trait à l'éclairage. Contrairement aux pièces des étages supérieurs, un sous-sol ne peut être éclairé par l'ajout d'une fenêtre ou d'un lanterneau.

Types d'éclairages

À part les lustres, on trouve à peu près tous les autres types d'éclairage dans les sous-sols. Faites attention à la hauteur libre dans votre choix de luminaires au plafond. De plus, adaptez l'éclairage en fonction de son usage futur car chaque type d'éclairage distribue la lumière en faisceau large ou étroit, diffus ou concentré.

Lampes de table incandescentes. Les lampes de table sont branchées dans une prise murale et peuvent être contrôlées par un interrupteur mural. Elles concentrent leur lumière sur une petite surface.

Lampes murales. Les lampes murales offrent un éclairage ponctuel et, au contraire des lampes sur rail, ne compromettent pas la hauteur libre.

Installations fixes de plafond. Pour conserver de la hauteur libre, choisissez une installation plutôt plate.

Tubes fluorescents. Monté derrière une valence de bois, un tube fluorescent peut éclairer tout un mur.

Installation de lampes fluorescentes. Il est facile d'installer des fluorescents dans un système de plafond suspendu.

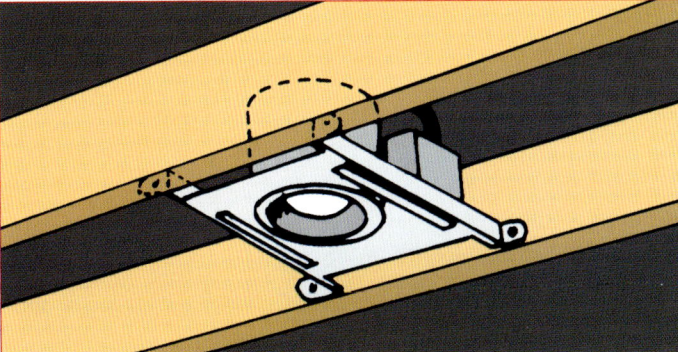

Lampes encastrées. Les lampes encastrées sont installées dans les cavités entre les solives pour offrir un éclairage ponctuel discret.

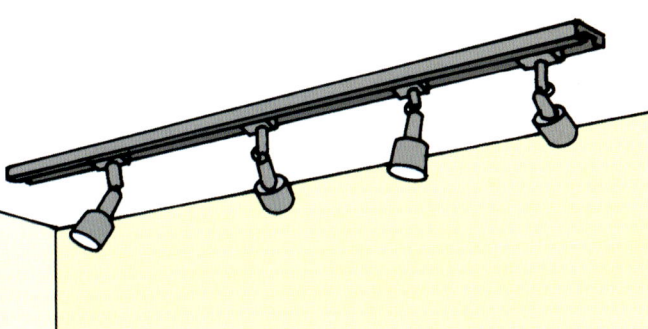

Rails d'éclairage. On peut installer des rails d'éclairage avec des lampes pour l'éclairage général ou avec des spots pour un éclairage ponctuel.

Dans bien des cas, les seules fenêtres possibles sont montées très haut dans les murs. Une autre complication concerne les proportions d'espace. Avec tant d'espace de plancher sous des plafonds relativement bas, les pièces de sous-sol peuvent sembler caverneuses.

Exigences générales d'éclairage

Pour offrir une quantité raisonnable d'éclairage naturel, les codes du bâtiment exigent généralement que toutes les pièces habitables aient un vitrage (surface totale de verre de fenêtre) équivalant à 8 % ou plus de la surface du plancher. (Voir ci-dessous pour les exceptions.) En matière de vitrage, il n'importe pas que cette surface de verre soit fixe ou ouvrante. Le vitrage est toutefois difficile à respecter dans les pièces situées partiellement sous le niveau du sol et c'est pourquoi les codes permettent une exception pour les exigences de lumière naturelle.

Types de lampes. Oubliez la lumière naturelle si votre éclairage artificiel est capable de produire une moyenne de six lumens au pied carré sur toute la surface de la pièce.

Le lumen est une mesure de la quantité totale de lumière émise par une lampe. Six lumens au pied carré n'est pas un objectif difficile à réaliser. Pour connaître le type d'éclairage requis, mesurez la largeur et la longueur de la pièce, puis référez-vous au tableau de cette page pour voir quels types de lampes (et combien d'unités) sont requis pour respecter le code. Une fois que vous avez choisi le type de lampes, vous saurez quelle installation convient. Remarquez que le chiffre de six lumens concerne l'éclairage général, une moyenne pour chaque pièce. Quand vous planifiez l'éclairage d'une pièce, l'éclairage général est la priorité. Après cela, viennent l'éclairage d'accentuation et l'éclairage d'appoint, ajoutés selon les besoins. Des pièces à usage spécifique comme la salle de bains ou le bureau ont des exigences propres.

Certaines régions sont plus susceptibles de subir des coupures de courant qui, bien que courtes, sont fréquentes en hiver. C'est une bonne idée de brancher des lampes de secours dans une ou deux prises de courant du sous-sol. Ces lampes peu chères sont alimentées par une pile rechargeable qui maintient la charge lorsque branchée dans une prise. Quand une panne de courant survient, la pile prend la relève et produit assez de lumière pour que l'on puisse se déplacer dans une pièce qui, autrement, serait obscure.

Éclairage et design

Pour maximiser l'efficacité de l'éclairage, utilisez des surfaces aux teintes pâles qui refléteront la lumière partout dans la pièce. Des lambris, des boiseries ou de la moquette sombres absorbent la lumière. Utilisez des sources variées de lumière qui vous donneront la flexibilité nécessaire pour créer des atmosphères spéciales ou pour vous adonner à des activités. On peut choisir une intensité d'éclairage grâce à une commande qui s'adapte à certains types d'éclairage.

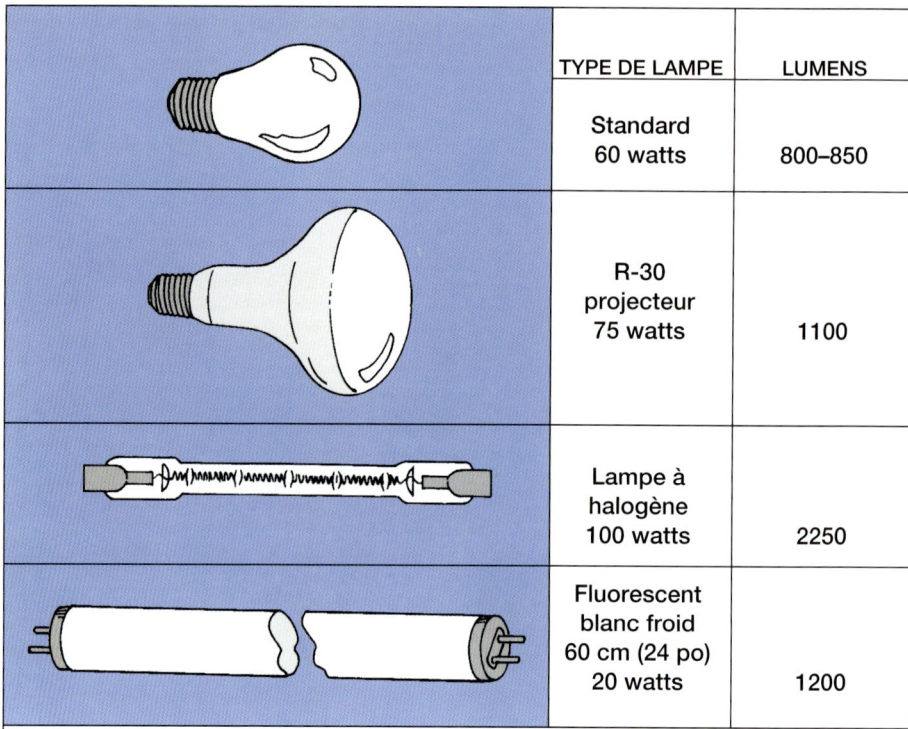

TYPE DE LAMPE	LUMENS
Standard 60 watts	800–850
R-30 projecteur 75 watts	1100
Lampe à halogène 100 watts	2250
Fluorescent blanc froid 60 cm (24 po) 20 watts	1200

Types de lampes. Utilisez ce tableau pour comparer la capacité d'éclairage (lumens) de différents types de lampes. Plus une lampe a de lumens, plus elle émet de lumière. Les puissances en watts sont celles qu'on rencontre habituellement dans les maisons. Hausser le nombre de watts hausse la luminosité.

Qualité de lumière. Parce qu'un sous-sol dépend beaucoup de la lumière artificielle, la qualité de la lumière elle-même mérite qu'on s'y attarde. Même si la quantité de lumière est adéquate, la qualité de la lumière décidera du succès du décor. Plusieurs décrivent la lumière comme chaude ou froide, croyant que la qualité de la lumière ne dépend que de ces facteurs. Ainsi, les fluorescents sont dits « froids » alors que les incandescents sont dits « chauds ». Comme la plupart des gens préfèrent traditionnellement la lumière chaude, ils évitent l'usage des fluorescents dans les maisons. Toutefois, les fluorescents modernes sont offerts dans toute une gamme de « températures ». De plus, ils permettent une économie d'énergie appréciable. Si la lumière chaude est préférée, recherchez des lampes fluorescentes de moins de 3000 K. (L'échelle Kelvin exprime la température d'éclairage.)

chapitre 2

L'étendue du projet

Évaluer le sous-sol

Tous les sous-sols ne peuvent être convertis en espace de séjour et pas tous ne méritent ce labeur. Si, par exemple, le sous-sol n'a pas assez de hauteur, la solution (abaisser le niveau du plancher) peut exiger plus d'efforts et de dépenses qu'il n'en vaut la peine. Ou encore, si les problèmes d'infiltration d'eau ne peuvent être résolus malgré vos plus ardents efforts, le sous-sol ne pourra pas être transformé en un espace de séjour confortable et sain. Prenez le temps qu'il faut pour évaluer votre sous-sol avant de vous lancer dans la réalisation de ce projet.

Types de murs de sous-sol

Les types de murs qu'on trouve au sous-sol et la condition de ces murs déterminent en grande partie le niveau de difficulté de ce projet de rénovation. Les murs du sous-sol sont, bien sûr, les surfaces intérieures des fondations. Ils peuvent être faits de blocs de béton (maçonnerie), de béton coulé, de pierre ou de bois traité sous pression. Bien que certains types de fondations soient plus faciles à modifier que d'autres, tous les types de murs conviennent à un tel projet d'aménagement. Il est facile, par exemple, d'installer des plaques de plâtre ou des panneaux de préfini sur les murs des fondations en bois traité sous pression. On procède de la même manière pour les installer sur une ossature de bois. D'autre part, des fondations en pierre peuvent générer des problèmes d'infiltration d'eau difficiles à subjuguer à cause de l'irrégularité des surfaces. Les fondations en blocs de béton et en béton coulé sont les plus communes.

Murs de maçonnerie. Il est facile d'identifier des fondations en blocs de béton à cause du motif quadrillé produit par les joints horizontaux et verticaux de mortier. Chaque bloc a des vides et des âmes qui relient les faces intérieures et extérieures. La nature « vide » des blocs les rend plus légers (donc plus faciles à manipuler) et permet le renforcement

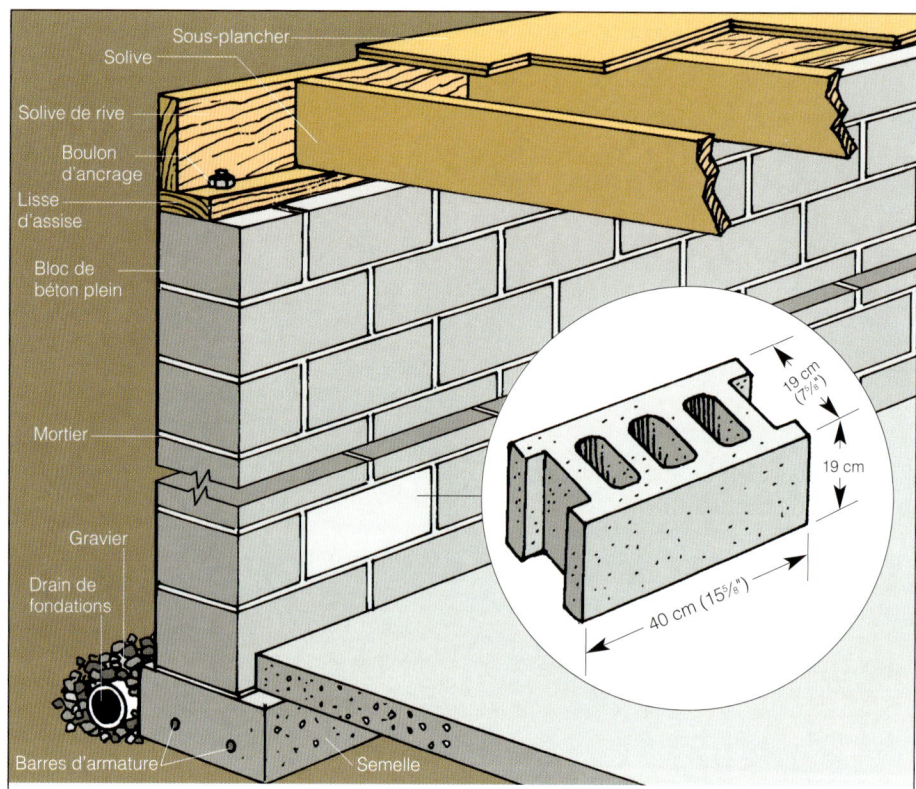

Murs en blocs de béton. Ce système consiste en blocs individuels joints par du mortier. Les blocs montrés ici sont ceux utilisés le plus fréquemment en construction résidentielle.

des murs par l'ajout d'une barre d'armature liée avec du mortier aux âmes. En général, on identifie les blocs selon leurs dimensions nominales, car c'est la norme utilisée pour calculer le nombre de blocs requis pour un mur. Les blocs de 8 x 8 x 16 po que l'on rencontre en construction résidentielle mesurent en fait 7 5/8 x 7 5/8 x 15 5/8 po (18,1 x 18,1 x 39,7 cm). On alloue un centimètre (3/8 po) pour les joints de mortier.

Les blocs de béton sont empilés l'un sur l'autre. On étale le mortier entre chaque rangée et chaque bloc devient solidaire des autres pour donner un mur fort et solide. Dans cette méthode de construction, la force ultime du mur et sa résistance à l'infiltration d'eau dépendent non seulement de la condition des blocs mais aussi de celle du mortier.

Murs de béton coulé. Un mur de béton coulé est monolithique et a une surface lisse. Pour construire un tel mur, le béton (un mélange sable/gravier/eau/ciment portland) est versé dans une forme de métal ou de contreplaqué. Avant le coulage, on installe souvent dans les formes des barres d'armature en métal qui renforcent le mur et aident à prévenir le craquement.

Autres types de murs. Dans certaines régions, les constructeurs peuvent ériger une maison sur des fondations de montants de 2 x 8 ou plus grands et des cales de bois traité sous pression pour résister à la pourriture. C'est un type relativement nouveau de fondations. Les murs sont recouverts à l'extérieur de contreplaqué traité sous pression assemblé avec soin pour éliminer toute infiltration d'eau ; ce type de fondations peut être isolé et fini comme un mur standard.

Les fondations de pierre existent encore dans certaines maisons ancestrales. Le type de pierre utilisée varie de région en région, bien sûr, et les fondations étaient assemblées avec du mortier. Pour savoir si les fondations sont en bon état, il faut

sol et peuvent être ajoutés facilement, quel que soit le système central. Le tableau de distribution électrique, toutefois, devra être capable d'accepter la demande supplémentaire.

Contactez un spécialiste du chauffage pour des conseils avant de présenter votre demande de permis. Il suggérera un système de chauffage approprié.

Système électrique

Bien qu'il soit possible de prolonger un circuit électrique existant vers le sous-sol, le faire pourrait surcharger le circuit. De plus, prolonger un circuit existant ne permet pas assez de puissance pour les besoins de la rénovation. (De toute manière, puisque le tableau de distribution est déjà au sous-sol, il est facile d'installer de nouveaux circuits.) Si votre tableau de distribution n'a plus de circuit disponible, il peut être possible de se brancher sur un circuit existant – assurez-vous simplement de ne pas le surcharger. Ajoutez un circuit ou plus pour les besoins d'un bureau ou pour un sous-sol très grand. Alors que vous planifiez l'acheminement des câbles, n'oubliez pas de penser aux fils téléphoniques. Ajoutez un circuit indépendant pour tout appareil de chauffage supplémentaire. Les circuits de sous-sol obéissent aux mêmes règles qui régissent les autres surfaces d'habitation dans la maison. La ligne de service de votre maison doit avoir au moins 100 ampères pour satisfaire aux besoins. Si votre maison a une ligne de 200 ampères, comme c'est le cas de la plupart des maisons modernes, l'ajout de circuits ne pose pas de problèmes. Toutefois, les maisons construites avant les années 1940 ont des circuits à deux fils, ce qui peut limiter le nombre et le type d'appareils en usage. Les maisons plus récentes ont un service à trois fils. Consultez un électricien certifié pour déterminer si le système présent peut être prolongé, modifié ou amélioré.

Système de plomberie

Service d'eau. Si votre eau vient d'un puits, la capacité de votre système à assumer une nouvelle salle de bains est dictée par la pompe et la capacité du puits. Un système d'aqueduc municipal, toutefois, s'accommode d'une autre salle de bains.

Drainage et ventilation. Le drainage des eaux usées et des eaux grises est réalisé à partir d'un réseau de canalisations qui les transporte à l'égout ou à la fosse septique. Pour que ces tuyaux puissent se drainer facilement, ils doivent être reliés à un système d'évents qui vont jusqu'au toit. En planifiant attentivement, de nouveaux appareils et raccords peuvent s'ajouter à la canalisation existante sans problème. Essayez de placer la nouvelle salle de bains aussi près que possible des tuyaux de drainage existants.

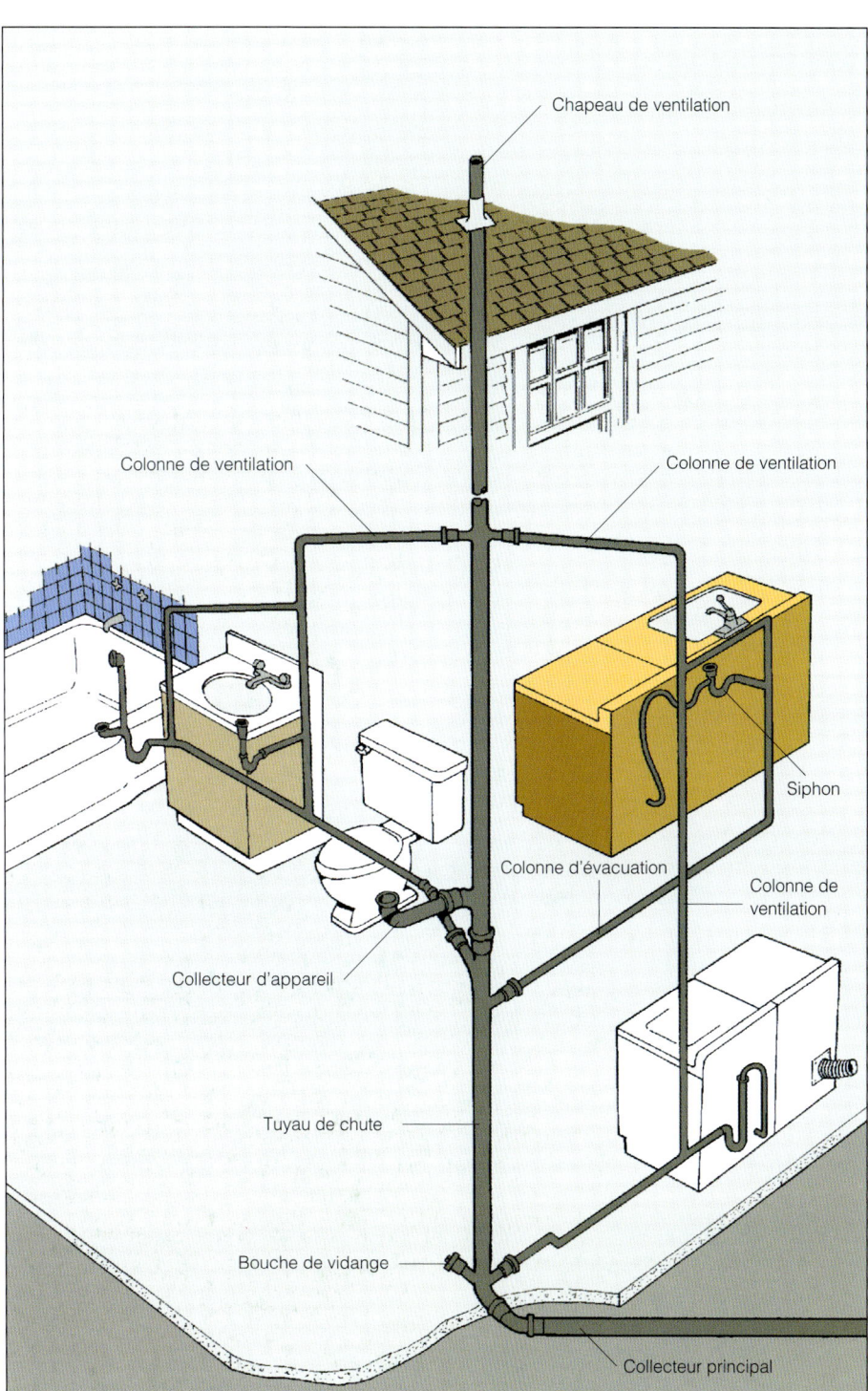

Drainage et ventilation. Le drain, l'évacuation et le système d'évents transportent les eaux usées des appareils vers l'égout ou la fosse septique.

Qui réalisera les travaux ?

Les codes du bâtiment permettent habituellement à un propriétaire de maison de rénover ou de faire des ajouts à sa maison, dont des éléments de plomberie et de système électrique. Selon la magnitude du projet, toutefois, vous pourriez décider de confier une partie ou l'ensemble du projet à un professionnel. Si vous empruntez de l'argent pour une partie des travaux, le prêteur pourrait exiger que le travail soit fait par un professionnel. Appelez plusieurs prêteurs pour connaître leur politique à cet égard.

Les codes du bâtiment

Les règlements sur la construction existent depuis le XVIIIe siècle av. J.-C., alors que le code d'Hammourabi exigeait la mise à mort du fils de tout constructeur dont le bâtiment s'était écrasé en entraînant la mort du fils du propriétaire. Hammourabi était le roi de Babylone, son code de lois trouvé sur une colonne de Susa est l'un des plus anciens. Les codes actuels ne sont pas aussi sévères mais ils partagent avec leur prédécesseur le fait qu'ils reflètent le devoir fondamental du gouvernement de protéger la santé publique, la sécurité et le bien-être de ses citoyens.

La construction réalisée au sous-sol est régie par les mêmes codes que les autres pièces de la maison. Ces codes sont publiés et sont généralement disponibles en quincaillerie, consultables en bibliothèque ou dans Internet.

Qui a besoin d'un permis ?

Les permis et les inspections font respecter les codes du bâtiment. Un permis est un document administratif qui autorise quelqu'un à faire un travail ; une inspection est ensuite effectuée pour vérifier que le travail a été fait convenablement. Les réparations mineures et la rénovation n'ont pas besoin de permis mais, si le projet oblige de prolonger la canalisation et les systèmes d'évents, de drainage et d'évacuation, ou de prolonger le système électrique, un permis pourrait être nécessaire. Un permis est presque toujours nécessaire quand on veut aménager un sous-sol en surface d'habitation. La plupart des régions autorisent un propriétaire à effectuer lui-même le travail (dont la plomberie et l'électricité) si un permis est obtenu en premier.

Inspections. Chaque fois qu'un permis est exigé, il est nécessaire de prévoir du temps pour permettre à un officier municipal ou régional d'inspecter les travaux. Il s'assure que les travaux ont été réalisés en conformité avec les codes du bâtiment. Quand vous demandez un permis, informez-vous sur les horaires d'inspection. Pour des projets mineurs, l'inspecteur ne pourrait vous visiter qu'une seule fois au terme des travaux, mais pour un projet plus vaste, des inspections intermédiaires pourraient être requises avant l'inspection finale. De toute manière, c'est votre devoir de demander l'inspection. Il ne revient pas à l'inspecteur de deviner quand vous serez prêt pour une inspection.

Codes locaux du bâtiment. Le Canada en entier n'est pas régi par les mêmes codes du bâtiment. En réalité, chaque province et chaque municipalité régionale de comté ont des particularités en ce qui a trait aux règlements de la construction. Avant de commencer les travaux de rénovation, assurez-vous de consulter les codes nationaux, provinciaux et régionaux.

Adhérer aux codes

Les codes dans votre communauté couvrent l'usage que vous ferez de votre maison mais aussi les matériaux que vous utiliserez dans sa rénovation. En plus des codes régissant la construction, l'électricité et la canalisation, votre région peut avoir adopté certains types de codes contre les incendies, sur l'accessibilité (accès libre aux édifices), ou des codes spéciaux de construction (tels que ceux invoqués contre les tremblements de terre). Contactez votre département local de construction pour déterminer l'étendue des restrictions et des pratiques acceptées.

chapitre 3

La préparation générale

Réparer une solive

Il est probable que dans une vieille maison, les solives aient subi un peu de dommages. Une petite fissure est peut-être devenue une lézarde ou peut-être que quelqu'un a entaillé une solive pour une raison qui semblait valable à l'époque. Peu importe la cause, les solives endommagées doivent être réparées avant qu'un nouveau plafond puisse être installé. Ce ne sont pas toutes les fissures qui compromettent la solive, mais si une fissure provoque l'affaissement de la solive ou si la fissure atteint le bas de la solive, une réparation est de mise. Vous n'aurez à remplacer toute la solive que dans les cas vraiment graves. N'oubliez pas que le plancher supérieur est collé, vissé ou cloué aux solives et que l'extraction d'une solive pourrait endommager ce plancher. Une solive existante peut être renforcée et réparée en y jumelant une solive sœur de mêmes dimensions. La nouvelle pièce doit avoir la même longueur et la même profondeur que l'autre, et elle doit être supportée aux mêmes endroits. Placez la nouvelle solive en position (couper un coin aidera cette manœuvre) et assemblez les solives avec des clous 16d.

Éliminer les problèmes d'humidité

Un sous-sol ne peut être transformé en pièces d'habitation convenables si on ne peut garantir qu'il est sec. La gamme des problèmes d'eau va d'une légère condensation et un suintement à l'inondation périodique. Avec assez de temps et d'argent, on peut régler tous les problèmes d'eau, même si, parfois, le jeu n'en vaut pas la chandelle.

Trouver la source

En supposant que la canalisation ne coule pas, l'humidité du sous-sol vient soit du suintement (eau venant de l'extérieur de la maison et pénétrant à travers murs et plancher) ou de la condensation (résultat de l'air

Réparer une solive. On répare une solive en y fixant un morceau de bois identique. Il doit être presque de la même longueur et exactement de la même profondeur que la solive qu'il supporte. Couper les coins supérieurs aidera à la mise en place de la solive sœur.

chaud et humide en contact avec les surfaces froides des fondations ou des tuyaux froids). La source de l'eau peut être identifiée en réalisant un simple test. (Voir page 14.) Si la condensation est le problème, éliminez-la en installant un déshumidificateur dans le sous-sol ou en isolant murs et tuyaux. Le suintement d'eau est plus difficile à identifier car il peut venir de plusieurs sources possibles :

Gouttières. L'eau qu'on évite de détourner des fondations peut être un problème. Les gouttières bouchées font descendre l'eau le long des murs de fondations et stagner aux mauvais endroits. Utilisez des blocs parapluie ou des prolongements de descente pluviale pour acheminer l'eau loin des fondations.

Pente inadéquate. Si le sol penche vers la maison ou si sa pente cause la formation de mares près des fondations, il y a problème. Pour éloigner l'eau des fondations, le niveau doit baisser d'au moins 15 cm (6 po) pour 3 m (10 pi) tout autour de la maison. Remplissez les poches qui pourraient accumuler l'eau.

Manque de drain de fondations. Il est certain que l'eau atteindra la base des fondations, ce qui n'est pas un problème si des tuyaux perforés appelés drains l'acheminent au loin. La plupart des maisons neuves ont des drains de fondations mais les vieilles maisons n'en ont peut-être pas. Les drains des fondations peuvent être ajoutés aux vieilles maisons, mais pas sans effort considérable. C'est un travail

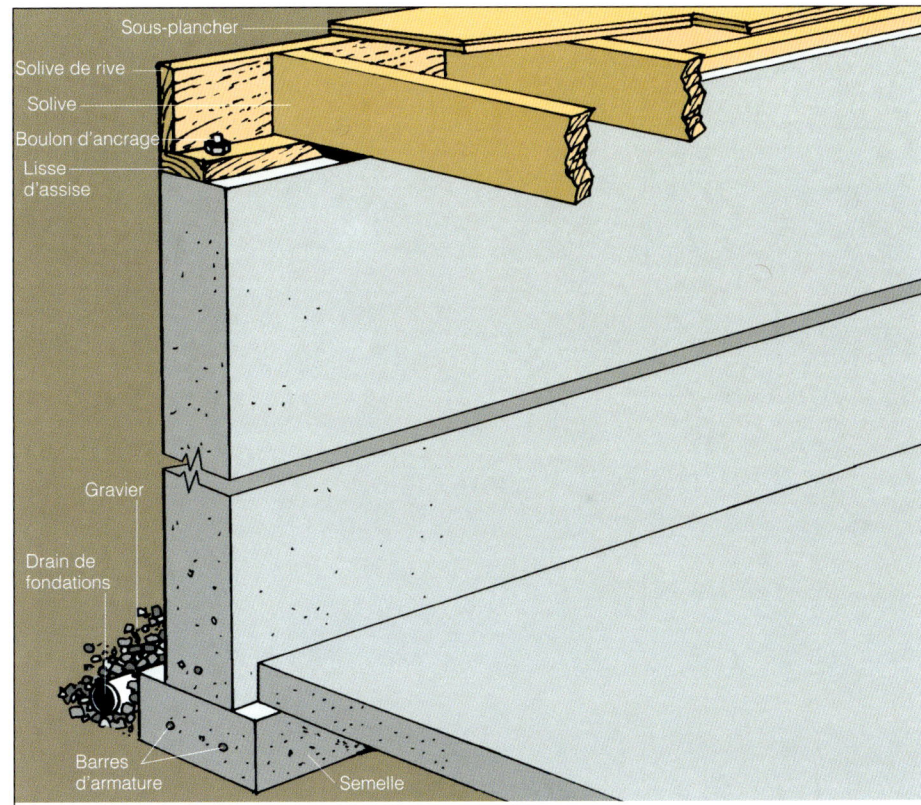

Murs de béton coulé. Ce type de mur est coulé de la semelle jusqu'en haut. Des barres de métal ajoutent de la force.

consulter un maçon qui les inspectera avant que vous n'amorciez la rénovation.

Trouver la bête noire

Avant de commencer les travaux, vous devez en savoir plus sur votre sous-sol. Affronter un problème insurmontable est plutôt frustrant lorsque l'on a fait livrer une petite montagne de matériaux de construction devant chez soi.

Fissures dans les fondations.

Traiter les fissures dans les murs de fondations relève plus de l'art que de la science. De petites fêlures sont parfois le résultat d'un durcissement imparfait. Des fissures plus grandes dans les fondations sont causées par le tassement. Si la fissure est passive, on peut alors réparer les deux types de défauts avec du ciment hydraulique. (Voir page 21.) En d'autres termes, la fissure est facilement réparée en autant que sa cause première n'existe plus. Si toutefois les fondations sont en processus de tassement ou si un autre facteur stresse les murs, des fissures réparées aujourd'hui réapparaîtront peut-être demain. Avant que les fissures ne soient réparées en permanence, la cause du problème doit être éliminée. Pour déterminer si une fissure est active ou non, tracez des lignes en son travers ici et là. Puis, au cours des saisons, inspectez les points d'intersection des lignes.

Hauteur libre inadéquate. Selon la majorité des codes du bâtiment, une pièce de sous-sol doit avoir une hauteur de 2,3 m (90 po) sur au moins la moitié de sa surface. Les seules exceptions à cette règle concernent les salles de bains, les cuisines et les corridors qui peuvent avoir une hauteur de 2,1 m (84 po). Les hauteurs minimales sont calculées à partir des surfaces finies. Si la mesure entre le dessous des solives et le dessus du plancher du sous-sol n'est pas conforme à ces normes, il peut s'avérer impossible d'obtenir un permis de rénovation.

Accès réduit. Descendre au sous-sol ne représente habituellement pas de problème. L'escalier peut requérir des réparations mais, au moins, il existe. Dans le cas, toutefois, de chambres à coucher au sous-sol, la nécessité d'une sortie de secours peut être problématique. Selon les codes, toute chambre de sous-sol doit avoir une sortie de secours. Une porte qui conduit directement dehors (et non une trappe inclinée ; voir page 52) se qualifie à ce titre. S'il n'y a pas de telle porte, une fenêtre doit servir à cet effet. La norme pour ces fenêtres de sortie est de 0,46 m^2 (5 pi^2) de surface ouvrante. Si les plans de rénovation comportent une chambre

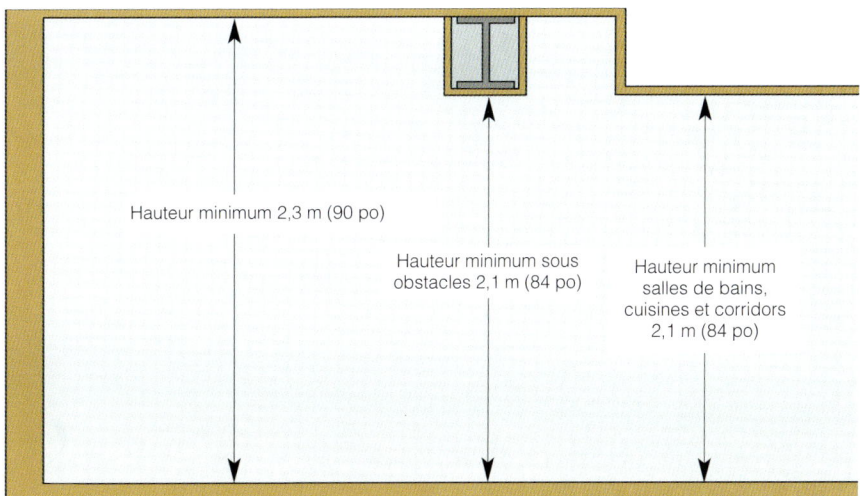

Hauteur inadéquate. Les codes du bâtiment permettent une hauteur moindre dans les salles de bains, cuisines et corridors.

à coucher, considérez la sortie de secours comme la préoccupation prioritaire.

Manque de circulation d'air. Toute pièce deviendra étouffante si l'air qui s'y trouve n'est pas renouvelé périodiquement. Les codes du bâtiment exigent des fenêtres opérationnelles égales en surface à au moins 4 % de la surface de la pièce. (Ne confondez pas cette donnée avec la quantité de vitrage requise pour la lumière naturelle au sous-sol ; voir page 8.) Dans un sous-sol, toutefois, ce pourcentage de 4 % n'est pas facile à réaliser et c'est pour cela que les codes permettent les exceptions suivantes :

Si la pièce est ventilée par un système mécanique approuvé et capable de renouveler l'air de la pièce toutes les 30 minutes, des fenêtres opérationnelles ne sont pas requises. Une approbation des autorités est exigée à ce chapitre, consultez-les donc avant de procéder.

Problèmes d'humidité. De tous les problèmes d'aménagement d'un sous-sol, ceux reliés à l'humidité sont les plus difficiles à régler. L'eau est tenace et réussit toujours à s'infiltrer à travers des parois que l'on dit imperméables. Une autre source d'humidité est la condensation qui se forme quand l'air chaud et humide entre en contact avec les murs froids des fondations. On peut régler certains de ces problèmes (voir page 20), mais d'autres, toutefois, peuvent exiger l'attention de spécialistes et des frais élevés s'y rattachent. Un test facile à réaliser sur les problèmes d'eau consiste à coller du papier d'aluminium à divers endroits sur les murs et le plancher. Scellez bien les pourtours des morceaux de papier et laissez-les en place plusieurs jours. Si des gouttelettes se forment *sous* l'aluminium, c'est l'humidité venant de l'extérieur qui passe à travers le béton ; si les gouttelettes apparaissent *sur* l'aluminium, le problème est la condensation dans le sous-sol. Quand vous enquêtez sur les problèmes éventuels d'humidité, cherchez sous l'isolant de la dalle du plancher pour des signes de fuites. C'est le temps de réparer les tuyaux, raccordements et appareils qui coulent – plus tard, il sera trop tard. Inspectez le revêtement et les côtés des solives pour des taches brunâtres révélant une fuite active ou une vieille fuite qui a été réparée depuis. Si la tache est spongieuse lorsque vous la sondez avec un tournevis, une fuite active existe quelque part.

Problèmes d'insectes. Le système de planchers de la plupart des maisons repose sur des cales de bois boulonnées aux fondations. Si la maison a un problème avec des insectes destructeurs de bois, c'est là qu'on trouvera la preuve de leur présence. Inspectez les extrémités des solives, la surface interne de la solive de rive et le cadre de toute fenêtre de sous-sol. Gardez l'œil ouvert pour les bostryches, les fourmis charpentières et les termites non souterraines. Les signes de présence d'insectes comportent entre autres des petits trous dans le bois et des piles de poudre de bois sous l'endroit affecté.

Problèmes d'humidité. Collez un morceau de papier d'aluminium à divers endroits du plancher et des murs. Si la condensation apparaît sous ou sur l'aluminium, un problème d'humidité existe et doit être corrigé.

Problèmes d'insectes. Utilisez une alêne pour inspecter la région de la solive de rive. Le bois infesté cèdera facilement.

Solives affaissées. Vérifiez le dessous des solives pour déceler celles qui sont déformées. Puis voyez si tout le plancher est affaissé.

Si vous avez des doutes, cognez contre le bois – le bois infesté émet un son amorti alors que le bois sain émet un son clair. Pour détecter des dommages de pourriture ou d'insectes, utilisez le bout d'une pointe à tracer pour sonder la solive de rive, la cale de bois, le bout des solives et le cadre des fenêtres. Le bois infesté ou pourri se désintègre facilement. (Certains inspecteurs en bâtiment font usage de bâtons de ski pour tester les solives de rive, évitant ainsi la nécessité d'une échelle.) Les endroits infestés doivent être traités par des exterminateurs professionnels avant que la rénovation ne commence.

Solives affaissées. Vérifiez toutes les solives pour voir si certaines sont déformées. Celles qui le sont peuvent probablement être réparées. Si toutes les solives sont affaissées de la même manière, c'est qu'elles sont trop petites ou pas assez supportées. Dans chaque cas, il existe un remède. (Voir page 20.)

Découvrir les dangers potentiels pour la santé

Radon

Le radon est un gaz incolore et inodore qui provient de la désintégration de métaux radioactifs dans le sol, la roche et l'eau. Lorsque inspirées, les molécules de radon se logent dans les poumons et présentent un risque plus élevé de cancer du poumon. L'incidence de radon n'est pas limitée à certaines régions, elle peut survenir partout. Le radon s'élève à travers le sol et pénètre dans une maison par les fissures et les trous dans les fondations (bien qu'elles ne soient pas les seules sources). Parce que le gaz tend à se concentrer dans les pièces près du sol, il est important d'inspecter votre sous-sol pour des traces de radon avant de le convertir en surface d'habitation. Si les résultats des tests révèlent un problème, les techniques de réduction de radon sont relativement faciles à incorporer dans les plans de rénovation.

Inspecter pour la présence de radon. Il est facile d'effectuer les tests de radon. Ne vous fiez pas aux tests effectués sur les maisons avoisinantes car il peut y avoir beaucoup de variations d'une maison à l'autre. Il existe deux types de tests de radon :

• Les tests actifs requérant un outillage spécialisé sont en général les plus précis mais exigent le travail d'un technicien spécialisé.

• Les tests passifs sont offerts dans une variété de produits peu chers dans les quincailleries ou, par la poste, de laboratoires spécialisés. On expose ces dispositifs à l'air du sous-sol pour une durée spécifique, après quoi on les retourne par la poste au laboratoire. Des tests passifs à long terme offrent une bonne indication de la moyenne annuelle d'exposition au radon mais doivent être en place 90 jours. On peut effectuer des tests de courte durée en 48 heures, mais ils doivent être réalisés dans des conditions de maison fermée, ce qui signifie portes et fenêtres closes (sauf pour entrer et sortir) et éviter l'usage de tout aérateur qui amène l'air de l'extérieur. Le système de chauffage peut être opéré pendant ce test mais attention à la climatisation qui peut amener de l'air extérieur. Un test de courte durée peut révéler un problème ; si c'est le cas, faites un autre test pour confirmer le diagnostic.

Si le test révèle un niveau de radon de plus de 4 pico curies par litre d'air (une mesure normative du radon), prenez les mesures nécessaires pour réduire le radon par un procédé appelé mitigation. Un niveau d'environ 1,3 est considéré comme une moyenne et ne vaut pas la dépense d'une mitigation.

Réduire le radon. Sceller les fissures et autres ouvertures dans les fondations est une bonne solution.

Toutefois, les agences de protection de l'environnement recommandent de ne pas se limiter à sceller les ouvertures parce que cela n'est pas très efficace. Dans la plupart des cas, les systèmes de réduction qui incorporent tuyaux et ventilateurs pour expurger l'air sont meilleurs. Contactez un spécialiste de la mitigation.

Amiante

L'amiante est un matériau fibreux que l'on trouve dans le sol. À l'état pur ou en conjonction avec d'autres matériaux, l'amiante a été couramment utilisée en construction car elle est résistante, solide, à l'épreuve du feu et est un bon isolant. Malheureusement, l'amiante est aussi cancérigène. Une fois inhalées, les fibres d'amiante se logent dans les poumons. Parce que ce matériau est résistant, il demeure dans les tissus pulmonaires et se concentre de plus en plus au cours de l'exposition. L'amiante peut causer le cancer des poumons et de l'estomac chez ceux qui y sont exposés à long terme. À la maison, les risques augmentent au fur et à mesure que les matériaux constitués d'amiante sont endommagés et commencent à s'émietter et à s'effriter. On ne connaît pas les risques pour la santé de l'exposition à de faibles quantités d'amiante mais les experts ne peuvent affirmer qu'il n'y en a pas. Selon les autorités, les maisons construites depuis environ 20 ans sont moins susceptibles de contenir des produits d'amiante. On trouve parfois l'amiante autour de tuyaux et de chaudières et dans des produits plus vieux tels que matériaux pour revêtement de sol en vinyle, carreaux de plafond, toiture extérieure et certains panneaux muraux. L'amiante était aussi parfois mélangée à d'autres produits et pulvérisée autour de tuyaux, conduits ou poutres.

Attention : Si vous croyez qu'il y a de l'amiante dans votre sous-sol, demandez à un professionnel d'inspecter celui-ci avant de procéder à son aménagement. Ne tentez jamais d'enlever l'amiante par vous-même, car on ne peut le faire qu'en fonction d'un code de règles très précises. Cela est un travail de spécialiste seulement. Vous trouverez des experts dans la section affaires de votre annuaire téléphonique.

Planifier en fonction des services publics

Système de chauffage

Penser au chauffage du sous-sol fait partie intégrante de la planification générale. On pourrait penser que la terre environnante est un excellent isolant mais ce n'est pas le cas. Dans les climats qui exigent du chauffage en hiver, un apport supplémentaire de chaleur sera nécessaire au sous-sol. Si la maison est chauffée par l'un des systèmes suivants, le système peut être prolongé jusqu'au sous-sol : air chaud pulsé (huile, gaz, électricité), chauffage à plinthes électriques ou à eau chaude.

Radiateurs électriques. Dans bien des cas, une plinthe électrique ou un radiateur à ventilateur produiront toute la chaleur nécessaire au sous-

Radiateurs électriques. Si l'espace est restreint, un radiateur électrique peut être installé en bas d'un cabinet (gauche). Un radiateur à ventilateur électrique monté dans un mur peut chauffer une pièce entière s'il est de bonnes dimensions (droite).

sels solubles dans le béton qui migrent vers la surface et interfèrent avec l'adhérence de la peinture. Un décapant commercial dissous dans l'eau et appliqué avec une brosse rigide peut être utilisé pour enlever l'efflorescence. Parce que les décapants contiennent de l'acide, suivez le mode d'utilisation de sécurité et les instructions du manufacturier. Gants de caoutchouc et lunettes de sécurité sont la norme. Rincez la surface du mur à l'eau fraîche pour neutraliser l'effet de l'acide. Puis laissez le mur sécher complètement.

3 Préparer fissures et trous. Utilisez un ciseau pour tailler une encoche dans les fissures et les trous afin de faciliter l'adhésion du ciment hydraulique. Le ciment hydraulique est particulièrement efficace pour sceller les fissures là où l'humidité est présente et, parce qu'il prend de l'expansion en durcissant, il épouse étroitement une fissure bien apprêtée. Quand il est sec, passez l'aspirateur sur la fissure pour enlever débris et poussières.

4 Appliquer le ciment. Mélangez une petite quantité de ciment hydraulique en poudre avec de l'eau. Si la fuite est active, attendez que le mélange soit chaud (qu'il commence à durcir) puis, avec la main protégée par un gant de caoutchouc, forcez-le dans une partie de la fissure. Tenez le mélange en place pendant

3 Élargissez les fissures et les petits trous au ciseau pour offrir un ancrage ferme au ciment hydraulique. Nettoyez les débris. Utilisez un marteau-perforateur à main et un ciseau à froid.

4 Mélangez le ciment hydraulique en poudre avec de l'eau. Utilisez une truelle ou votre main gantée pour l'appliquer sur l'endroit endommagé.

5 Avec la pointe d'une truelle, appliquez le ciment hydraulique à la jonction plancher/mur. Lissez-le dans les fissures.

d'entrepreneur qui implique l'usage d'appareils lourds pour excaver tout le périmètre des fondations, la pose de gravier et de tuyaux perforés pour le drain principal et finalement, le remplissage et le nivellement.

Murs de fondations fissurés. L'eau réussira à pénétrer par la faille même la plus étroite ; utilisez du ciment hydraulique pour la colmater.

Tuyaux ou conduits électriques. Le problème n'est pas le tuyau ou le conduit lui-même, c'est l'espace autour du tuyau ou du conduit qui amène l'eau au sous-sol. Colmatez bien ces espaces avec du scellant au silicone ou du ciment hydraulique (un produit de haute performance semblable au calfeutrage au silicone).

Fondations mal imperméabilisées. Un tel type de fondations permet à l'humidité de migrer directement à travers le béton. Le béton et la maçonnerie ne sont pas imperméables. L'extérieur de toutes les fondations doit être imperméabilisé avant le remplissage. Si cela n'a pas été fait ou si la couche de protection s'est dégradée, la solution n'est pas une affaire pour novice. Comme pour l'installation de drains de fondations, beaucoup d'excavation est requise.

Végétation. Les plantes conservent l'humidité dans le sol et leur ombrage réduit l'évaporation de l'humidité de la terre. Ces deux facteurs s'ajoutent aux « maux » d'eau. Autre facteur : les plantes qui requièrent beaucoup d'arrosage ajoutent de l'humidité dans le sol, qui pourrait s'infiltrer au sous-sol.

Nappe phréatique. Le niveau de la nappe phréatique varie de région en région et de saison en saison. Rien ne peut être fait à ce sujet, mais les drains de fondations et les pompes de puisard peuvent aider à rediriger l'eau avant que cela ne devienne un problème.

Sceller un mur de béton

Même si le sous-sol ne souffre pas de problèmes manifestés sous forme de gouttelettes, l'humidité peut encore passer à travers le béton. Cette sorte de mouvement d'humidité peut être arrêté en scellant les murs à partir de l'intérieur du sous-sol. Même si les murs semblent secs, les sceller est une bonne précaution à prendre. Ça ne prend pas beaucoup d'humidité pour que les lambris se mettent à se tordre et à dégager une odeur de moisi. Pour sceller les murs, brossez-les avec un produit qui contient du ciment portland et un caoutchouc synthétique. Ce produit porte plusieurs noms : peinture à béton, peinture imperméabilisante ou hydrofuge, peinture de sous-sol ou imperméabilisant de sous-sol. Bien que certaines marques prétendent pouvoir maintenir l'eau à l'extérieur malgré une pression modeste, aucun produit appliqué sur les murs intérieurs des fondations ne peut résoudre de graves problèmes d'eau. Après avoir appliqué la peinture imperméabilisante, recouvrez les murs d'une peinture au latex de qualité.

1 Nettoyer les surfaces. Avec une brosse métallique, enlevez le mortier lâche et la poussière des murs. Le scellant est plus efficace sur des murs qui n'ont jamais été peints mais si la vieille peinture a été enlevée, le scellant a une chance d'adhérer.

2 Enlever l'efflorescence. Un dépôt blanc, cristallin et sans danger appelé « efflorescence » peut se former sur des murs ou des blocs de béton. Il est causé par des

1 Utilisez un grattoir et une brosse de métal pour enlever le mortier lâche et la saleté, puis passez l'aspirateur sur les murs pour enlever poussières et débris.

2 Utilisez une brosse rigide et un mélange de décapant et d'eau pour enlever l'efflorescence sur la surface du béton. Portez des gants de caoutchouc et des verres de sécurité.

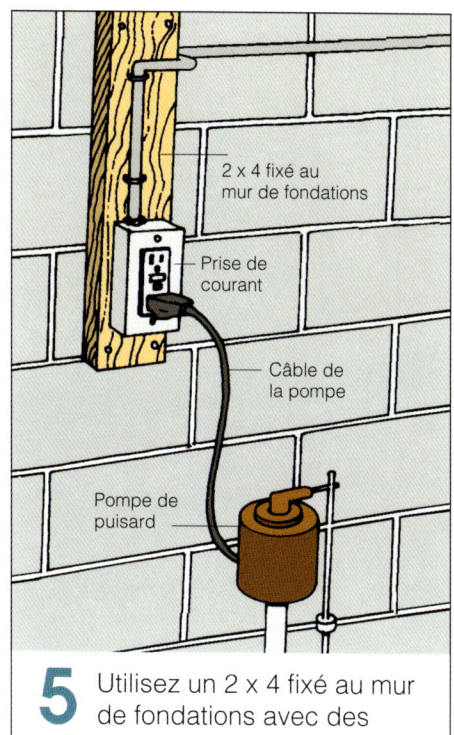

5 Utilisez un 2 x 4 fixé au mur de fondations avec des ancrages à béton pour offrir une base à la boîte électrique.

Dimensions de base d'un escalier

Vos codes locaux du bâtiment font autorité en matière de dimensions d'escalier. Ce qui suit n'est donc qu'un guide :

- La largeur de l'escalier doit être d'au moins 91 cm (36 po), mesurée entre les murs finis. Les nez de marches (si utilisés) ne doivent pas avancer de plus de 4 cm (1 1/4 po).

- La hauteur libre doit être d'au moins 265 cm (80 po) du bout du nez de marche à l'obstacle le plus près à tous les points de l'escalier. Le rapport de la hauteur de la contremarche à la profondeur de la marche doit être au total de 46 cm (18 po).

- La hauteur idéale de la contremarche, par exemple, est de 18 cm (7 po), et la profondeur idéale de la marche est de 28 cm (11 po). Les contremarches ne doivent pas avoir plus de 20 cm (8 1/4 po) de haut ; les marches doivent avoir au moins 23 cm (9 po) de profondeur.

- Tous les escaliers de plus de trois marches doivent avoir une rampe de 76 à 96 cm (30 à 38 po) sur au moins un côté. Les rampes sont mesurées verticalement du bout du nez de marche. Le bout de la rampe doit retourner au mur ou se terminer par un pilastre.

- Les paliers doivent avoir la même largeur que l'escalier et être au moins aussi longs que larges.

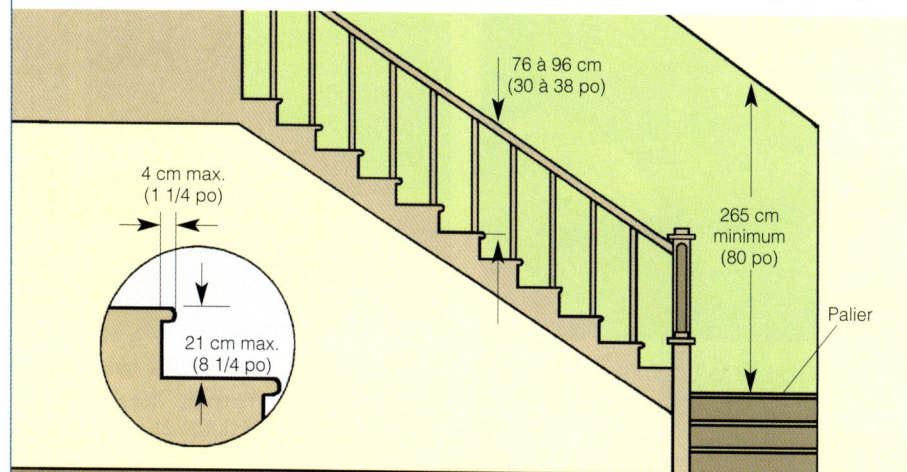

électrique et une prise de terre ; vous devez donc installer un réceptacle de terre pour lui. Cet arrangement facilite la déconnexion de la pompe au besoin. La boîte électrique est habituellement installée haut sur un mur pour éviter que des éclaboussures ne l'atteignent. À ce sujet, consultez les codes. Utilisez des ancrages à béton pour fixer une pièce de 2 X 4 po au mur de fondations. (Voir page 36.) Cela offre une base solide pour installer la boîte électrique. Après avoir installé la canalisation de refoulement, branchez la pompe et versez de l'eau dans le puisard. La pompe se mettra en marche lorsque le puisard sera à moitié plein. À mesure que l'eau sera refoulée, inspectez toutes les connexions de la canalisation.

Les escaliers

L'un des avantages de rénover un sous-sol plutôt qu'un comble consiste dans le fait qu'un escalier existe déjà. Il peut convenir tel quel mais, dans bien des cas, il devra être reconstruit. Les codes du bâtiment sont stricts au sujet des escaliers car de petites variations comme la hauteur d'une marche peuvent avoir d'importantes conséquences pour la sécurité. Pour la conversion du sous-sol, vous pourriez décider d'isoler le plancher de béton avec un système de longrines et un isolant rigide recouvert de contreplaqué et de moquette. L'épaisseur de cette installation change la hauteur de la dernière marche de l'escalier ; elle devient plus courte que toutes les autres de l'épaisseur du faux plancher. À moins que ce problème ne soit corrigé, l'escalier ne sera pas sécuritaire et le projet ne sera pas approuvé par l'inspecteur. Malheureusement, dans cette situation, l'escalier ne peut être élevé en une pièce – il doit être reconstruit. Il y a d'autres raisons pour reconstruire l'escalier. Bien que les escaliers de sous-sol dans les maisons neuves doivent être conformes aux codes du bâtiment comme tous les autres dans la maison, ça n'a pas toujours été le cas. Si votre maison est vieille et que l'escalier du sous-sol est abrupt ou mal construit, il doit être reconstruit. Cela peut être fait en général sans avoir à reconstruire la cage d'escalier elle-même. S'il est nécessaire de reconstruire l'escalier, consultez un livre sérieux sur sa construction.

Ajouter une rampe

Plusieurs escaliers de sous-sol ne sont pas conformes. En particulier, les rampes et mains courantes sont absentes ou inadéquates. Si l'escalier est utilisable comme tel, toutefois, une main courante peut facilement y être ajoutée. Des balustres ou des barreaux sont boulonnés directement sur la crémaillère ; les boulons ou les vis peuvent être fraisés et cachés avec des bouchons de bois. N'espacez pas les barreaux de plus de 15 cm (6 po) l'un de l'autre. Le dessus de la

plusieurs minutes pendant qu'il durcit. Si la fuite n'est pas active, trempez-la d'eau puis utilisez une truelle pour forcer le mélange dans les fissures et les trous. Utilisez la truelle pour niveler les endroits réparés.

5 **Régler d'autres problèmes d'eau.** L'infiltration d'eau peut provenir de la jonction de la dalle de plancher et des murs. Utilisez une bonne quantité de ciment hydraulique pour sceller la région puis nivelez avec la truelle.

6 **Appliquer l'hydrofuge.** Une fois que le ciment hydraulique est sec, utilisez une peinture hydrofuge pour sceller les murs. Assurez-vous que l'espace de travail est bien ventilé. Pour obtenir les meilleurs résultats possibles, utilisez un large pinceau en soies de nylon pour bien faire pénétrer le matériau dans les pores du béton. Laissez sécher la première couche une nuit, puis appliquez-en une seconde.

Corriger les problèmes graves d'eau

Si l'eau continue de pénétrer dans le sous-sol malgré des efforts pour sceller les murs de l'intérieur, on doit attaquer le problème de l'extérieur. Si une quantité excessive d'eau s'accumule dans le sol près des fondations, elle sera forcée par pression hydrostatique à travers le béton. De l'eau qui ne forme qu'une pression modeste peut être repoussée par un hydrofuge ; toutefois, une grande pression vaincra tout produit appliqué sur l'intérieur des murs. Une couche hydrofuge appliquée sur l'extérieur des murs est beaucoup plus efficace. C'est que plus la pression est forte, plus la peinture adhère avec force à la surface. Toutefois, il n'est pas facile d'hydrofuger l'extérieur des fondations et cela coûte cher. Parce que toute stratégie implique l'excavation, il est préférable de laisser ce projet à l'entrepreneur. Ce travail consiste à creuser jusqu'à la semelle, à installer un système de tuyaux de drainage et à appliquer une membrane hydrofuge à l'extérieur des fondations.

6 Avec un pinceau à soies de nylon, appliquez l'hydrofuge à béton aux murs. Forcez-le dans les interstices des blocs de béton.

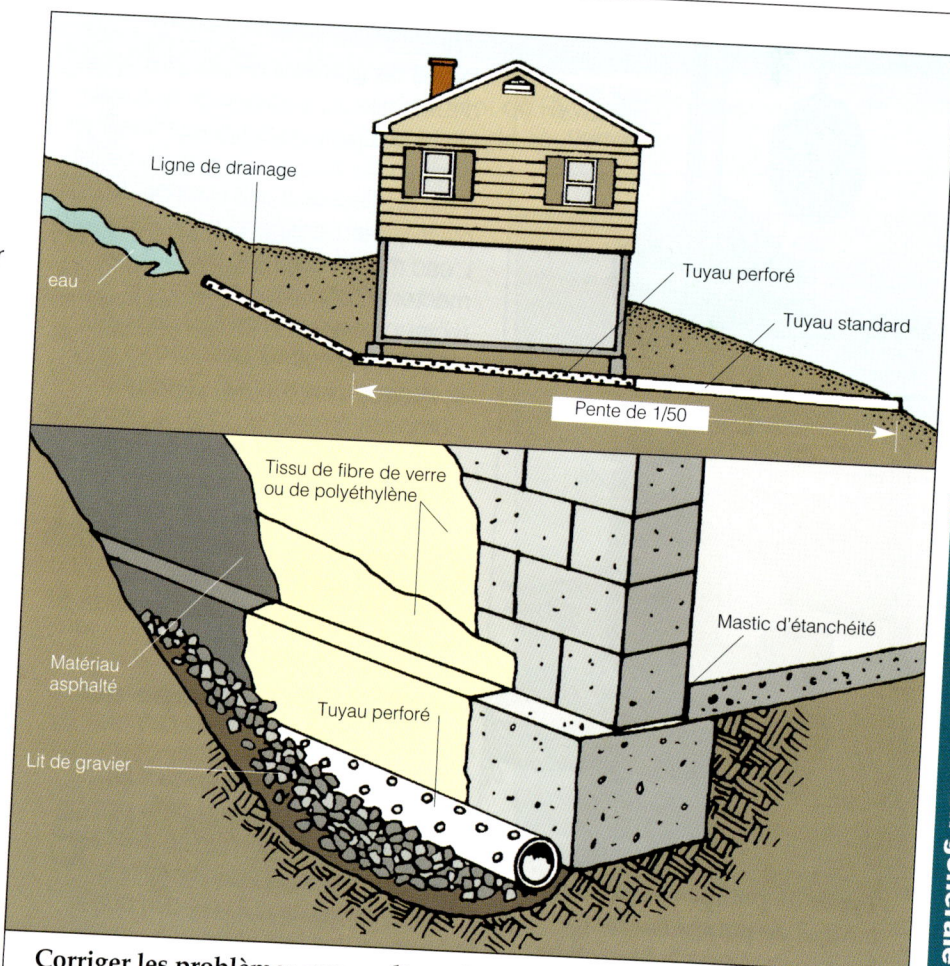

Corriger les problèmes graves d'eau. Les problèmes graves d'eau peuvent être corrigés en interceptant l'eau avant qu'elle n'atteigne les fondations (en haut) ou en hydrofugeant les fondations elles-mêmes (en bas).

chapitre 4

La préparation du plancher

La préparation du plancher   29

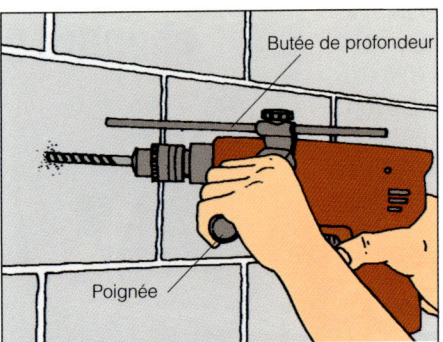

Perceuse à percussion. Avec une butée de profondeur réglable et une poignée auxiliaire, une perceuse à percussion peut être utilisée avec précision.

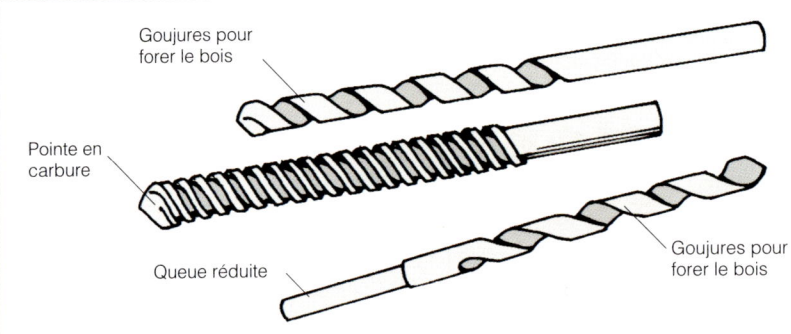

Forets. Selon les goujures d'une mèche à maçonnerie, vous pouvez ou non forer à la fois dans le bois et la maçonnerie (haut et bas). La queue réduite de certaines mèches à maçonnerie permet leur usage dans des perceuses standard de 3/8 po (bas).

Fixer des objets au béton

Tôt ou tard en aménagement de sous-sol, vous devrez forer dans le béton ou la maçonnerie. Par exemple, des équerres d'étagères ou des bandes de clouage pourraient être installées sur des blocs de béton ou la lisse d'un mur pourrait être clouée sur un plancher de béton. Fixer des objets au béton exige des outils spéciaux, des boulons d'ancrage et des techniques particulières. Une protection spéciale est aussi nécessaire sous forme de masque et de lunettes de sécurité car le processus crée une abondance de poussière fine et abrasive.

Perceuses à percussion. Une perceuse électrique est indispensable pour forer dans le béton. Achetez ou louez une perceuse à percussion si plusieurs trous doivent être percés. Cet outil crée un mouvement de marteau en même temps que le foret tourne. Cette action double aide à faire éclater l'agrégat dans le béton et à enlever la poussière du trou.

Mèches. Une mèche à maçonnerie destinée au béton se reconnaît à sa pointe de carbure élargie et ses goujures très larges. Bien que plus cassant que l'acier, le carbure résiste bien au processus abrasif de perçage à travers le béton. Les larges goujures aident à dégager les débris et la poussière du trou. Les mèches avec des goujures en spirales aplaties, les plus courantes, ne conviennent pas pour forer à la fois dans le bois et le béton (comme lorsque l'on veut installer des plaques murales). Dans ce cas, utilisez une mèche avec des goujures hélicoïdales régulières. Quelques mèches à maçonnerie ont des queues réduites pour permettre l'usage d'une perceuse standard de 1 cm (3/8 po).

Toutes les mèches à maçonnerie ne peuvent être utilisées avec une perceuse à percussion. L'action de percussion peut détruire certains types de carbure. Assurez-vous donc que la mèche est bien une mèche à percussion conçue pour cet usage spécifique.

Forer dans le béton

1 Marquer la profondeur.
Chaque boulon d'ancrage a des

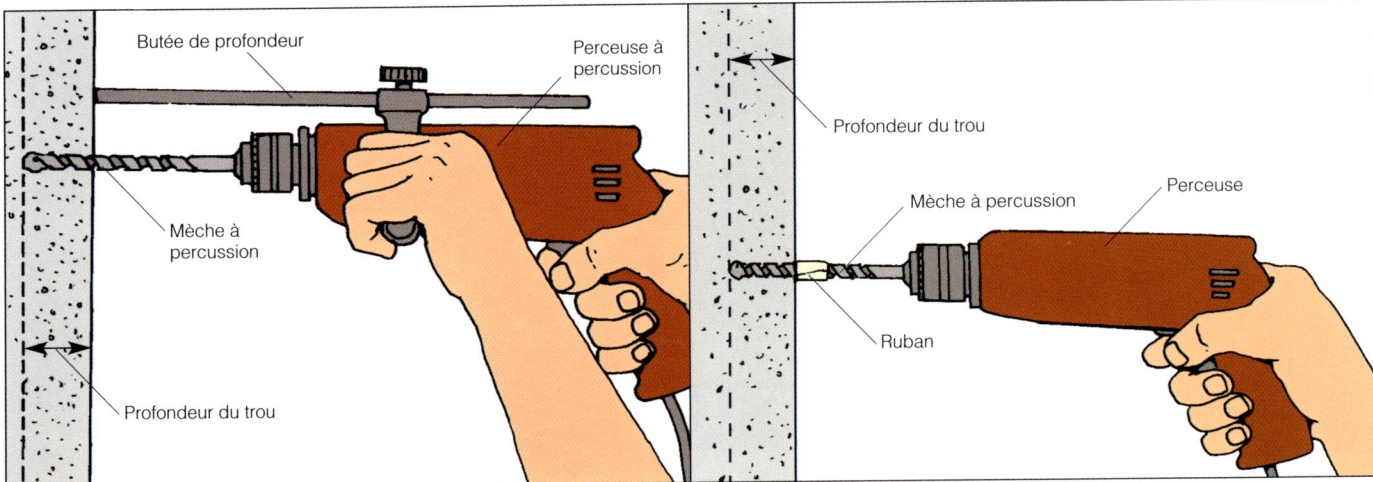

1 Réglez la butée de profondeur de façon à ne pas percer trop profondément (gauche). Si la perceuse n'a pas de butée, enroulez un bout de ruban autour de la mèche pour désigner la profondeur désirée. Cessez de percer quand vous atteignez cette marque (droite).

1 Tendez un fil contre chaque mur pour vous assurer qu'il n'est pas bombé.

2 Dessinez un trait au cordeau pour marquer la face interne du mur. Placez-le de façon à ce que le mur, une fois en place, soit d'aplomb. Il doit être dégagé des plus hautes aspérités du mur.

3 Structurez le mur secondaire de la même façon qu'une cloison, mais n'installez pas de poteaux qui bloqueraient des fenêtres existantes.

un tel mur après que le sous-plancher a été installé. S'il n'y a pas de sous-plancher, installez le mur directement sur le béton. L'un des avantages d'un tel mur secondaire est qu'il facilite l'installation de l'électricité (particulièrement les boîtes électriques) et de la plomberie qui passe au travers. De plus, l'isolant est aussi facile à installer que si on le faisait dans un mur de cloison. Toutefois, un mur secondaire accapare une surface de plancher déjà restreinte. Vous devrez de plus faire bien attention en construisant le cadre autour des fenêtres et portes situées dans les murs à poteaux du sous-sol. Avant que les murs secondaires ne soient construits, assurez-vous que les murs de fondations ne souffrent pas de problèmes d'humidité. Remplissez toutes les fissures et utilisez de l'hydrofuge à béton pour sceller les murs. (Voir page 21.) L'humidité qui s'accumule derrière le mur secondaire mène éventuellement à des problèmes difficiles à résoudre.

1 Inspecter les fondations. Un mur secondaire peut reposer tout contre un mur de fondations mais tous les murs de fondations ne sont pas parfaitement d'aplomb et d'équerre. Pour évaluer la situation, utilisez un niveau pour vous assurer que les murs sont bien verticaux. Puis, avec un assistant, tendez un fil de part en part du mur et maintenez-le à 2 cm (3/4 po) du mur à chaque extrémité. Si le mur touche au fil, il est bombé vers l'intérieur ; si l'espace est plus grand que 2 cm (3/4 po), le mur est bombé vers l'extérieur.

2 Planifier le mur secondaire. La structure est placée de telle sorte qu'elle est bien verticale et d'aplomb. Cela peut signifier qu'à certains endroits le mur sera éloigné des fondations. Identifiez la ligne la plus à l'intérieur, puis mesurez 9 cm (3 1/2 po) et tracez un trait au cordeau pour représenter la face intérieure (le côté où la plaque de plâtre sera installée).

3 Mesurez entre la lisse et l'assise à chaque emplacement de poteau et coupez. Clouez en biais chaque poteau à la sablière. Utilisez un espaceur temporaire pour bloquer le bout de chaque poteau quand vous le clouez.

4 Clouer de biais chaque poteau à la lisse. Utilisez un espaceur ou votre pied quand vous clouez.

s'insère exactement entre les poteaux. (Si l'espacement des poteaux est de 40 cm [16 po] CÀC et que les poteaux ont exactement 38 mm [1 1/2 po] d'épaisseur, la semelle aura 37 cm [14 1/2 po] de longueur.) Enlevez l'espaceur au fur et à mesure que les poteaux sont cloués de biais.

4 Finir le mur. Mettez chaque poteau bien d'aplomb et clouez-le de biais à la lisse. Le même espaceur peut être réutilisé. Si vous installez la cloison directement sur un plancher de béton, assurez-vous que les clous n'atteignent pas le béton. Utilisez des clous 8d et commencez à clouer de biais assez haut sur le poteau pour que le bout du clou s'arrête bien avant le béton.

Isoler les murs

Le sous-sol est la partie la plus fraîche de toute la maison en hiver comme en été. La température n'y varie pas beaucoup car les murs de fondations sont protégés des extrêmes de température par des tonnes de terre. Cette fraîcheur est appréciée en été mais en climat froid, les sous-sols doivent être chauffés pour être confortables. (Voir page 16.) Or, si les murs de fondations ne sont pas isolés, cette chaleur supplémentaire sera gaspillée. Tout mur qui fait face à un espace non chauffé comme les cloisons entre une salle de jeu et un atelier non chauffé doit être isolé. Il y a deux façons d'isoler les murs de fondations et chacune requiert un isolant différent. Il ne sera probablement pas nécessaire d'isoler au-delà d'une résistance thermique R-11 mais consultez quand même les codes pour connaître la résistance thermique requise dans votre localité.

Isoler avec la fibre de verre

Une façon d'isoler un mur de fondations est de construire un mur secondaire entre l'espace de séjour et le mur de fondations avec une ossature de 2 x 4. Ce mur non portant peut être isolé avec de la fibre de verre en natte ou en rouleau de résistance thermique R-11 et être fini comme les autres murs. Installez

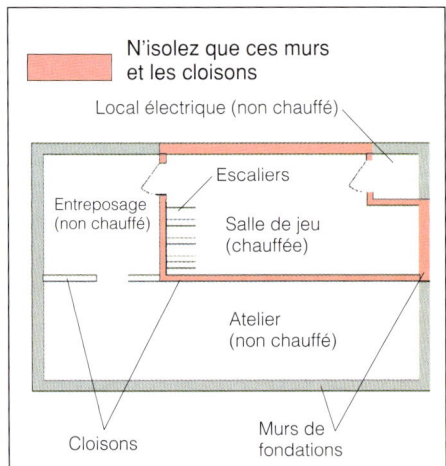

Isoler les murs. Des portes étanches et des murs isolés séparent les pièces chauffées du sous-sol de celles non chauffées.

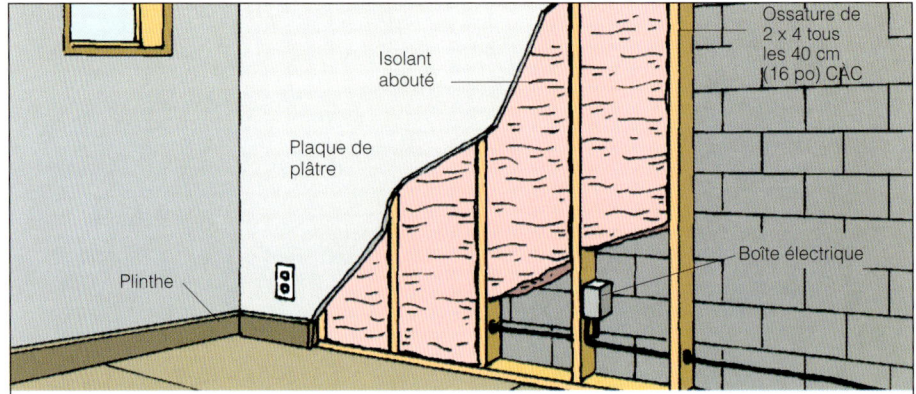

Isoler avec de la laine de fibre de verre. Un mur en ossature de 2 x 4 placé contre les murs de fondations est une bonne façon d'isoler. C'est aussi une bonne façon d'acheminer l'électricité et la plomberie.

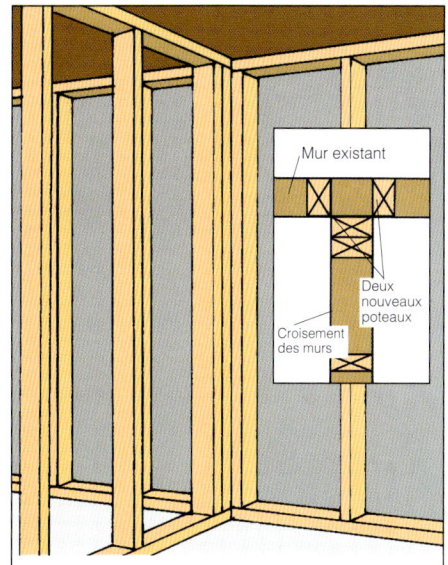

8 Renforcez l'intersection de deux murs de façon à ce qu'il y ait un poteau pleine grandeur sur chaque côté de l'intersection. Les poteaux offriront une surface de clouage à la plaque de plâtre.

8 Joindre des murs qui se croisent. Aux endroits où les cloisons se croisent, on installe des poteaux additionnels pour offrir un support à la future plaque de plâtre. Ajoutez un poteau simple au bout du mur croisé. Ajoutez une paire de poteaux à l'autre mur ; utilisez des clous 16d pour fixer l'intersection.

Construire une cloison sur place

Il n'est pas toujours possible d'élever une cloison assemblée. Par exemple, des conduits ou des tuyaux nuisent ou le mur est peut-être très long. Vous pouvez construire des cloisons en place en glissant chaque poteau entre une lisse et une sablière déjà fixées au plancher et aux solives. Il y a bien des façons de faire cela, mais voici une méthode qui réduit les chances d'erreurs :

1 Installer la sablière. En premier, coupez les deux pièces (sablière et lisse) de la longueur exacte de la cloison et marquez la sablière pour la position des poteaux (40 cm [16 po] CÀC). Déterminez où ira le mur et, avec des clous 16d, fixez la sablière à chaque solive croisée (ou la semelle entre les

1 Marquez la sablière pour l'espacement des poteaux de la cloison puis clouez la sablière sur le dessous des solives.

2 Avec un fil à plomb, marquez la position de la lisse directement sous la sablière à au moins deux endroits sur le plancher. Puis alignez la lisse sur vos lignes de démarcation.

solives). Assurez-vous que les marques de poteau pointent vers le bas.

2 Localiser la lisse. Laissez pendre un fil à plomb du bord de la sablière et reportez la position sur le plancher à au moins deux endroits bien espacés. Alignez la lisse sur ces marques et clouez-la au plancher. Utilisez un clou à maçonnerie simple tous les 45 cm (18 po) dans un plancher de béton ou deux clous communs tous les 60 cm (24 po) dans un sous-plancher de bois.

3 Installer les poteaux. Mesurez entre la lisse et la sablière chaque emplacement de poteau et coupez les poteaux pour qu'ils s'insèrent. Ils seront exactement de la même longueur sauf si les solives ne sont pas de niveau. Placez un poteau, alignez-le selon vos marques et, avec deux clous 12d, clouez-le à la sablière. Pour simplifier le clouage en biais, utilisez un bloc d'espacement pour éviter que le poteau ne glisse quand vous le clouez. Coupez le bloc pour qu'il

4 Assemblez la cloison pièce par pièce, en clouant chaque poteau à travers la lisse et la sablière. Assurez-vous de bien aligner les bords des poteaux avec la sablière et la lisse.

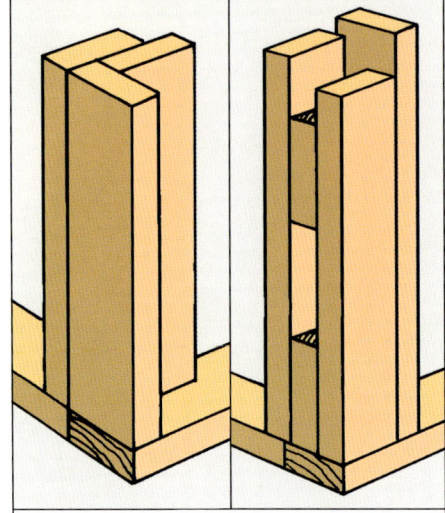

5 Là où deux cloisons se rencontrent, structurez le coin de façon à ce qu'il y ait assez de fond de clouage pour la plaque de plâtre sur l'intérieur et l'extérieur du coin.

6 Une fois la cloison assemblée, relevez-la et alignez-la sur vos marques à la craie. Une fois en position, fixez-la au plancher de béton avec des clous à maçonnerie.

Continuez ainsi jusqu'au bout de chaque pièce (sablière et lisse), même si le dernier poteau est à moins de 40 cm (16 po) de l'extrémité. Pour vérifier votre travail, mesurez, en un point, exactement 122 cm (4 pi) du début de la pièce ; ce point devrait idéalement être centré sur l'un des emplacements des poteaux.

3 Couper les poteaux. Les poteaux des murs (montants) ont la hauteur des murs moins l'épaisseur combinée de la sablière et de la lisse. Soustrayez 6 mm (1/4 po) additionnel pour avoir le dégagement nécessaire pour ériger le mur. Coupez tous les poteaux dont vous aurez besoin. Pour connaître ce nombre, comptez le nombre de marques sur la lisse. Si on veut que le mur s'insère parfaitement en place, il faut que toutes les tailles soient bien droites.

4 Construire le cadre. Séparez la lisse et la sablière de la longueur d'un poteau et placez-les sur la tranche avec les marques faisant face à l'intérieur. Disposez tous les poteaux en position approximative puis plantez une paire de clous 16d à travers lisse et sablière dans les bouts de chaque poteau. Servez-vous des marques comme guides pour aligner précisément les poteaux.

5 Former un coin. Pour offrir une surface de clouage à la future plaque de plâtre, ajoutez un poteau additionnel à chaque bout du mur qui formera un coin extérieur. Pour faire des coins, clouez des espaceurs entre deux poteaux, puis aboutez le poteau d'extrémité du mur adjacent à cet assemblage de triple épaisseur. Une autre méthode consiste à utiliser un poteau pour former le coin intérieur d'un mur.

6 Élever le mur. Élevez le mur en glissant la lisse en position approximative (en vous servant des traits de l'étape 1) puis relevez le mur. Avec l'aide d'un assistant pour empêcher que le mur ne tombe à la renverse, alignez la lisse sur vos traits. Une fois le mur en position, clouez la lisse au plancher. Quand vous clouez la cloison dans le plancher de béton, utilisez un seul clou à maçonnerie tous les 46 cm (18 po). Si un sous-plancher de bois est déjà en place, utilisez les clous ordinaires les plus longs possible sans atteindre le béton en dessous. Clouez dans les lambourdes si possible. Espacez les clous en paires tous les 60 cm (24 po).

7 Canalisations dans les murs. Utilisez un niveau pour vous assurer que la cloison est bien

7 Placez un niveau contre le bord d'un poteau de la cloison et mettez le mur d'équerre. Inspectez ainsi le mur en plusieurs endroits avant de le clouer sur la sablière et la charpente du plafond. N'oubliez pas d'insérer des intercalaires au besoin.

d'aplomb puis ajoutez des intercalaires entre la sablière et chaque solive qui la croise afin de neutraliser le jeu de 6 mm (1/4 po). Ne mettez pas trop d'intercalaires – en ce faisant, vous risqueriez de tordre la sablière. Assurez-vous simplement que le mur est vertical et d'équerre. Puis clouez dans la sablière et les intercalaires du plafond (ou dans la semelle si le mur est parallèle aux solives).

5 Les murs

Les murs

position. Si une cloison doit être perpendiculaire aux solives, fixez-la à celles-ci en insérant des intercalaires sur la sablière puis en la clouant directement dans les solives avec des clous 12d. Si la cloison doit être parallèle aux solives, installez une semelle de 2 x 4 entre les solives pour offrir une surface de clouage. Les semelles sont en général placées tous les 40 cm (16 po) CÀC bien que, dans ce cas, elles soient décentrées par rapport aux poteaux de cloison afin de pouvoir les clouer à travers la sablière avec deux clous 12d.

Construire une cloison à ériger

Après qu'on a peint les planchers, installé les sous-planchers et que l'on a hydrofugé les murs de fondations, on peut ériger les cloisons en place. En général, les cloisons sont construites de bois d'œuvre de 2 x 4 ou de 2 x 3 ; elles ont une lisse et une sablière simples. Parce qu'elle n'est pas portante, la cloison supporte bien les surfaces murales de finition.

1 Marquer l'emplacement.
Marquez l'emplacement exact de la lisse sur le plancher. Utilisez une équerre de charpente et une règle de précision pour vous assurer que les coins sont bien d'équerre et un cordeau pour des lignes bien droites. Si vous travaillez seul, coincez un bout du cordeau sous un poids pour le retenir et tirez la corde. Un assistant serait utile ici.

2 Planifier sablière et lisse.
Découpez deux pièces de la longueur du mur. Alignez-les et mesurez à partir d'un bout en marquant l'emplacement futur des poteaux tous les 40 cm (16 po) CÀC (l'espacement standard des poteaux).

Cloisons. Si une cloison est parallèle aux solives, fixez sa sablière avec une semelle de 2 x 4 clouée entre les solives.

1 Déterminez l'emplacement du mur. Puis tracez une ligne au cordeau sur le plancher pour obtenir un plan.

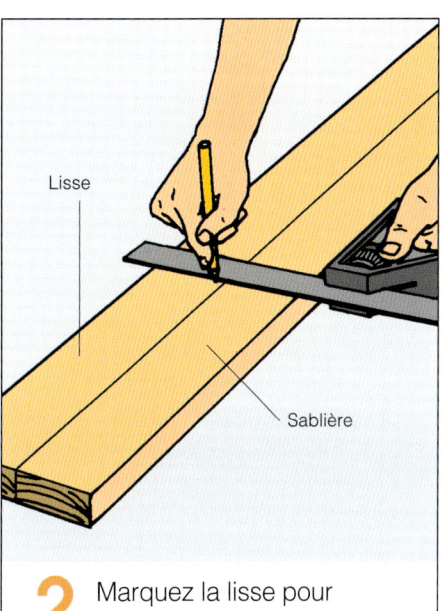

2 Marquez la lisse pour l'emplacement des poteaux tous les 40 cm (16 po) CÀC. Puis, avec une équerre, reportez les marques de plan sur la sablière.

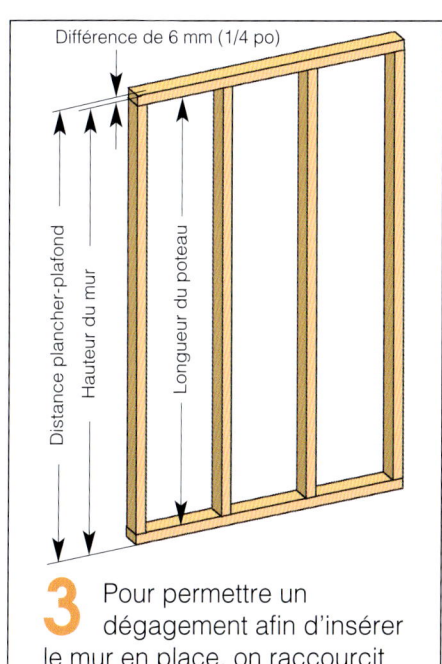

3 Pour permettre un dégagement afin d'insérer le mur en place, on raccourcit les poteaux de 6 mm (1/4 po).

Clous à maçonnerie. Pour une installation rapide, rien ne bat le clou à maçonnerie. Ces clous ont une queue et une tête plus grosses que les clous standard de la même longueur ; ils ont aussi des goujures qui s'agrippent à la maçonnerie. Quand vous clouez dans la maçonnerie, le travail est plus facile si le béton a été coulé il y a moins de 30 jours ; un béton complètement durci exigera plus d'énergie. Bien que la force de retenue d'un clou à maçonnerie ne soit pas très élevée, il est facile à planter et vous pouvez donc en utiliser plus. Ils sont particulièrement utiles pour fixer des tasseaux de bois à un mur ou pour fixer des lisses de mur à un plancher de béton. On peut aussi utiliser les clous à maçonnerie dans des murs en blocs de béton mais on doit les planter dans le mortier, non dans le bloc.

Parce que les clous de maçonnerie sont traités thermiquement par un procédé spécial appelé « trempage », ils ne plient pas en pénétrant. Ce durcissement du clou, toutefois, signifie qu'il ne doit pas être planté avec un marteau ordinaire – le clou endommagerait la tête du marteau et ferait voler des éclats de métal. Utilisez plutôt un marteau-perforateur à main ou un marteau à panne ronde.

Attention : Quand vous plantez des clous à maçonnerie, portez des lunettes de sécurité pour vous protéger contre les éclats de métal ou de béton.

Ancrages chimiques

Bien que les ancrages mécaniques conviennent la plupart du temps, les ancrages chimiques sont parfois requis dans des situations spéciales comme lorsque l'on veut forer un trou sur le bord d'un bloc de béton. Contrairement aux ancrages chimiques, les ancrages mécaniques stressent le matériau autour du trou et sont potentiellement capables de briser le béton. Les produits chimiques travaillent tous de la même façon. Un trou est foré dans la maçonnerie et rempli d'un mélange à base d'époxy ; puis, on insère une tige filetée dans le trou et on la tient jusqu'à ce que l'époxy ait durci. Certains époxydes sont assez épais pour ne pas couler d'une surface verticale. Les ancrages chimiques, bien que relativement chers, s'agrippent à la maçonnerie de façon tenace. Ils sont offerts par les grands distributeurs et maisonneries.

Le ciment hydraulique est un autre produit d'ancrage bien qu'il soit utilisé surtout pour réparer la maçonnerie. Ce ciment prend un peu d'expansion quand il durcit et a une meilleure force de compression que le béton ordinaire. Il peut être mélangé à consistance ferme pour rester sur une surface verticale sans couler ou à consistance liquide pour les planchers. Forez un trou dans le béton, enlevez la poussière, remplissez le trou de ciment et insérez l'ancrage. Ce produit est souvent utilisé comme ancrage dans une portion endommagée du béton.

Les murs d'isolement

L'aire ouverte d'un sous-sol est idéale pour une salle de jeu ou une table de billard. Mais si le sous-sol doit servir à d'autres fins, on peut le diviser en pièces plus petites grâce à des murs d'isolement ou à des cloisons. Ces murs servent à fermer une salle de bains ou à diviser le sous-sol en une salle de jeu et une pièce de rangement. Ces murs sont construits selon la même technique que celle utilisée pour des murs secondaires. (Voir page 42.) De toute manière, il est plus facile de fixer des murs finis à une armature de bois qu'au béton lui-même.

Les murs de structure (ou portants) répartissent le poids d'une partie de la maison sur les fondations. Mais si des cloisons sont ajoutées au sous-sol, elles seront non portantes. Elles seront reliées en haut aux solives et en bas au plancher de béton, et elles ne supporteront que le poids des matériaux qui les composent. En général, on peut construire des cloisons une à la fois sur le plancher du sous-sol pour ensuite les ériger en place. Quand un espace restreint ou des obstacles comme des tuyaux ou des poutres empêchent d'ériger des cloisons, il faut les construire en

---

L'usage de clous à maçonnerie

Planter des clous dans le béton requiert une certaine touche. Premièrement, il faut porter des lunettes de sécurité et utiliser un marteau-perforateur à main plutôt qu'un marteau ordinaire. Ne vous servez pas de clous qui pénétreront à plus de 2,5 cm (1 po) dans le béton – il est plus difficile de planter un clou plus long que requis et les chances d'endommager le béton augmentent. Assurez-vous que le clou est bien perpendiculaire à la paroi puis plantez-le graduellement dans le bois. Quand vous sentez que le clou atteint le béton, frappez plus fort en laissant le poids du marteau reposer sur la tête du clou après chaque coup. Ne laissez pas le marteau rebondir sur le clou car il sera alors plus difficile de frapper le clou adéquatement au prochain coup.

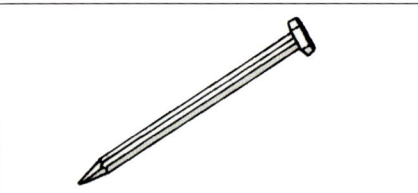

Clou à maçonnerie. Ce clou au corps torsadé a été trempé pour résister au pliage.

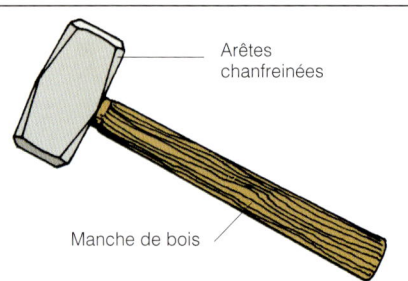

Arêtes chanfreinées

Manche de bois

Le poids et la tête spéciale de ce marteau en font le meilleur outil et le plus sécuritaire pour planter des clous à maçonnerie. Portez toujours des lunettes de sécurité quand vous utilisez des clous à

ce que vous obtiendrez, c'est un visage plein de poussière. Utilisez une seringue ou une poire à jus pour nettoyer le trou. Tenez votre visage loin et portez des lunettes de sécurité.

Ancrages à maçonnerie

Auparavant, les ancrages à maçonnerie se limitaient aux ancrages à manchon de plomb. Maintenant, plusieurs produits offerts entrent dans deux catégories : les ancrages mécaniques qui s'agrippent à la maçonnerie et les ancrages chimiques qui s'y collent. Pour la plupart des travaux de maçonnerie exigés par votre projet d'aménagement de sous-sol, les ancrages mécaniques feront l'affaire ; ils sont moins chers et plus répandus que les ancrages chimiques.

Ancrages à manchon de plomb. Plusieurs connaissent et peu aiment ce type d'ancrage à maçonnerie. Il consiste en un tirefond et un manchon de plomb qui s'insèrent dans un trou dans la maçonnerie. Quand le tirefond pénètre dans le manchon, celui-ci prend de l'expansion et s'agrippe aux parois du trou. Bien que ces ancrages peu chers se trouvent partout, leur force de retenue n'est pas élevée. Un autre désavantage de ce type d'ancrage est le fait que vous devez percer deux trous : l'un dans la maçonnerie pour le manchon et l'autre pour le tirefond, plus petit, dans la pièce que vous devez fixer. Utilisez-les pour installer des tasseaux d'étagères ou dans des situations où les vis ne sont pas sujettes à des forces de tirage (surtout si peu d'ancrages sont requis).

Ancrages à manchon de plastique. Un meilleur ancrage consiste en un manchon de plastique plutôt que de plomb. Bien que vous ayez encore à percer deux trous (l'un dans le mur et l'autre dans la pièce à fixer), le trou pour le manchon de plastique est plus petit que celui requis pour un ancrage à manchon de plomb (ce qui fait une grande différence si vous avez beaucoup de trous à percer). Un avantage plus important, toutefois,

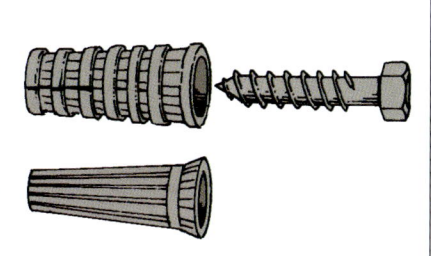

Ancrages à manchon de plomb. Ces ancrages sont offerts en une ou deux pièces.

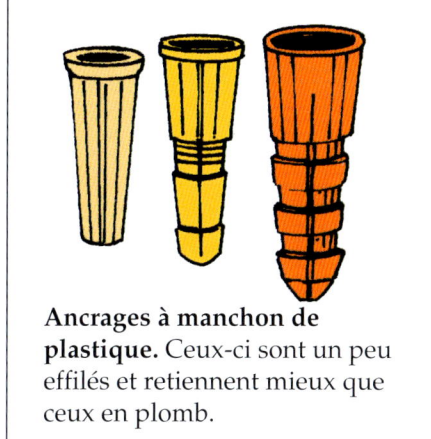

Ancrages à manchon de plastique. Ceux-ci sont un peu effilés et retiennent mieux que ceux en plomb.

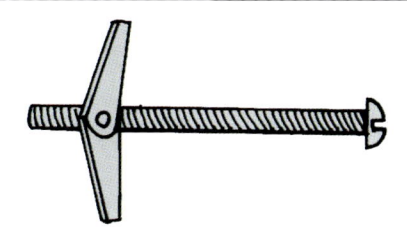

Boulon à ailettes. Les « ailes » du boulon à ailettes se replient contre le boulon pour pénétrer dans le vide d'un bloc de béton.

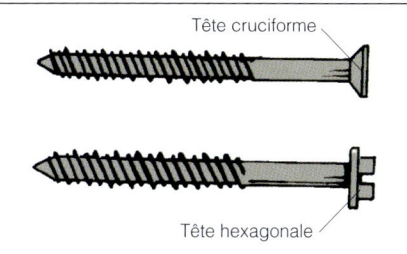

Vis à maçonnerie. Elles ont deux jeux de filets et une tête cruciforme ou hexagonale.

c'est qu'un ancrage de plastique tient mieux que celui en plomb. Le plastique est un meilleur choix pour retenir des objets lourds comme des armoires sur une surface de maçonnerie.

Note : Quand vous utilisez des ancrages de plastique ou de plomb, la profondeur du trou est critique : elle doit être un peu plus grande que l'ancrage lui-même. Si elle ne l'est pas, l'ancrage n'aura pas une bonne assise.

Boulons à ailettes. Quand on a affaire à des blocs de béton, il vaut mieux percer dans l'âme (la partie solide) du bloc. Cette surface offre la meilleure force de résistance aux ancrages à manchon. Toutefois, il peut être difficile de deviner où est l'âme du bloc. Dans de tels cas, les boulons à ailettes s'imposent et il faut forer dans le « vide » du bloc. La version la plus courante a un jeu d'« ailes » à ressort filetées autour du boulon. Après avoir pénétré dans le trou, les ailes s'écartent et s'agrippent au revers du mur à mesure que le boulon est resserré. Ces ancrages ne sont pas chers mais peuvent être bizarres à l'usage – une fois que les ailes sont dans le trou, le boulon ne peut plus être retiré sans « perdre ses ailes » dans le mur.

Vis à maçonnerie. Cela semble peu plausible mais certains types de vis spécialement durcies peuvent pénétrer directement dans le béton ou la maçonnerie sans requérir un manchon. Ces vis (Tapcon) sont en fait des autotaraudeuses à béton. Après avoir percé un avant-trou, faites pénétrer la vis comme s'il s'agissait d'un mur de bois. Bien qu'elles soient assez coûteuses et pas offertes partout, ces vis en valent la peine. Elles retiennent aussi bien que la plupart des manchons et ne requièrent pas deux trous différents.

2 Tenez la perceuse à angle droit par rapport au mur et forez lentement pour amorcer le trou. [dessin page 35 haut droite]

3 Enlevez toute poussière avant d'insérer un boulon d'ancrage. Protégez vos yeux quand vous nettoyez le trou.

exigences spécifiques de profondeur. Si la perceuse a une butée de profondeur, réglez-la pour éviter de perdre du temps à forer trop profondément.

2 Percer le trou. Marquez l'emplacement du trou d'un grand X comme repère visuel pour amorcer le trou. Tenez la perceuse fermement et bien perpendiculaire au mur. Portez des gants pour absorber les coups de la perceuse à percussion. Appuyez fermement sur la perceuse pour empêcher que la mèche ne glisse sur le mur. Puis commencez à forer à basse vitesse. À mesure que la mèche pénètre dans le mur, augmentez la vitesse et la pression de forage jusqu'à ce que la pointe de la mèche disparaisse dans le mur. Maintenez une pression ferme. Ne forez pas trop vite pour éviter que la mèche ne surchauffe. La butée de profondeur arrêtera le forage au bon moment. Lorsque vous forez dans un plancher, retirez souvent la mèche du trou pour dégager la poussière.

3 Nettoyer le trou. Retirez toute la poussière du trou. Même si vous êtes tenté de le faire, ne soufflez pas sur le trou pour le nettoyer ; tout

Nettoyer le trou

Si, en forant dans le mur, vous sentez de la résistance, c'est peut-être parce que vous avez atteint un morceau d'agrégat ou une barre d'armature en métal. Retirez la mèche et examinez sa pointe. S'il s'y trouve des morceaux de métal, c'est que vous avez touché à du métal et vous devrez forer un nouveau trou plus loin. Vous ne pouvez forer au travers de ces barres. S'il s'agit plutôt d'agrégat, essayez de le pulvériser avec une masse et un poinçon. Un marteau-perforateur à main ressemble à une masse miniature mais sa tête est destinée spécifiquement à enfoncer des clous à maçonnerie et autres instruments de métal. Portez des lunettes de sécurité, placez le poinçon dans le trou et frappez-le jusqu'à ce que l'agrégat soit réduit en poussière.

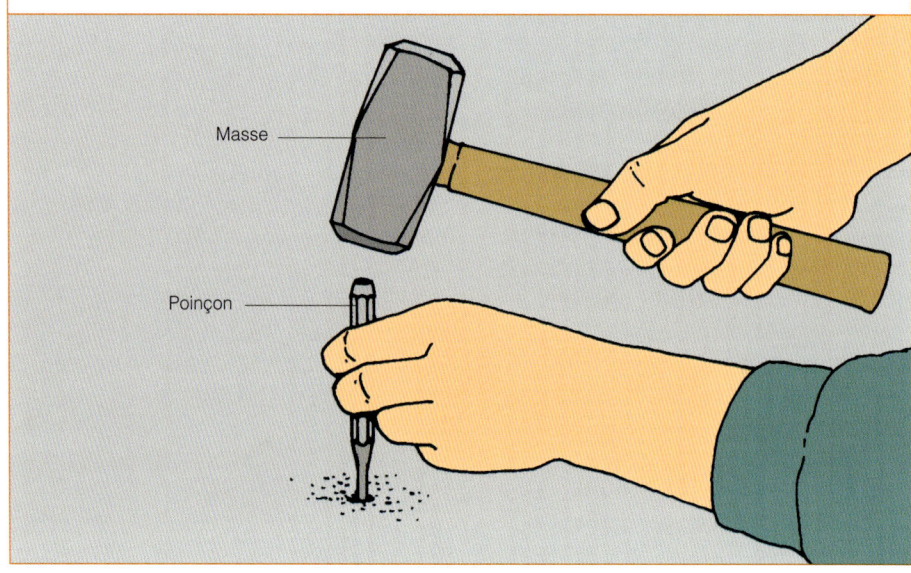

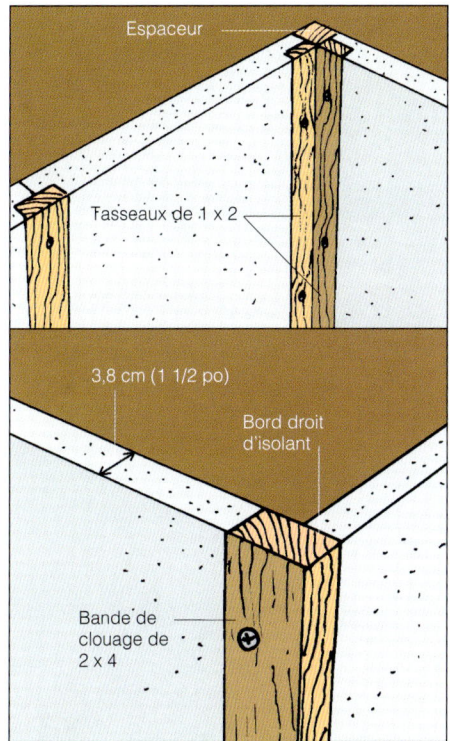

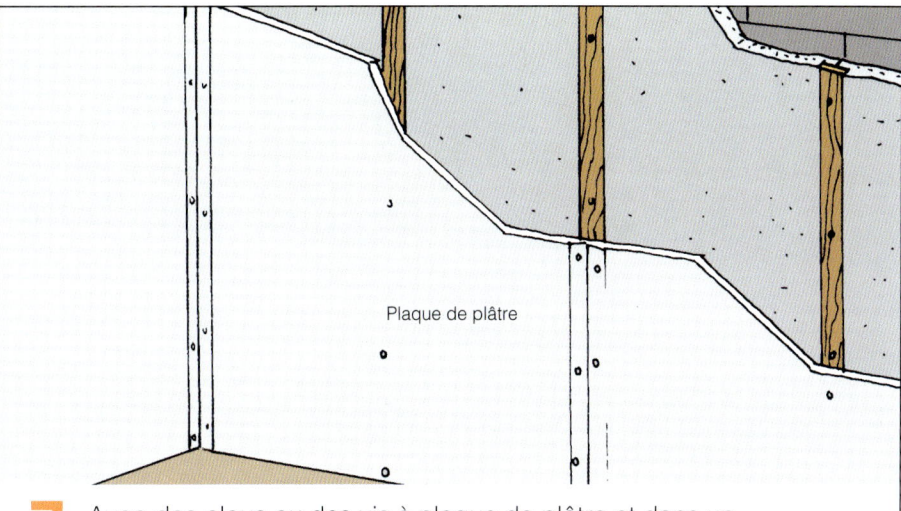

7 Avec des clous ou des vis à plaque de plâtre et dans un espacement normal, fixez la plaque de plâtre aux tasseaux de bois et aux bandes de clouage.

6 À l'intérieur des coins, utilisez un tasseau de 1 x 2 et un espaceur de bois pour assurer une bonne surface de fixation pour la plaque de plâtre (haut). À un coin extérieur, découpez des bandes de clouage à l'épaisseur de l'isolant et fixez-en un côté sur le mur (bas).

coins intérieurs, placez deux tasseaux bord à bord avec une bande carrée de bois dans le coin entre eux. Pour les coins extérieurs, découpez des bandes de clouage qui s'insèrent dans le coin. Dans ce cas, chaque fourrure doit avoir au moins 3,8 cm (1 1/2 po) d'épaisseur et 7,5 cm (3 po) de large. Une pièce de 2 x 4 est donc un bon choix. Vissez la fourrure dans le coin.

7 Installer la plaque de plâtre. Une fois que l'isolant est en place, les plaques de plâtre sont installées et finies de la façon habituelle. (Voir page 69.) Remarquez que le clouage est fait sur des centres de 60 cm (24 po) au lieu de 40 cm (16 po). Cet espacement convient car l'isolant offre une surface ferme pour le plâtre au lieu d'un support partiel comme une structure de bois.

Méthode alternative d'isolation

Cette méthode pour fixer les panneaux rigides d'isolant permet l'usage d'une plus grande variété de feuilles d'isolant rigide ainsi que différentes épaisseurs d'isolation. Toutefois, cette méthode ne permet pas une couverture d'isolant ininterrompue.

Clouez tout d'abord des bandes de clouage en bois de 1 x 2 appelées « fourrures » aux murs. Puis fixez des feuilles de 2 cm (3/4 po) d'isolant rigide entre elles et agrafez une barrière de vapeur en plastique sur le montage. Un peu de calfeutrage adhésif compatible retiendra les feuilles en place jusqu'à ce que vous ayez recouvert le montage de plaques de plâtre. Assurez-vous que les murs de fondations ne souffrent d'aucun problème d'humidité avant d'installer l'isolant. Les plaques de plâtre ou les panneaux de bois de 6 mm (1/4 po) [ou plus épais] peuvent être cloués ou vissés directement aux bandes de clouage.

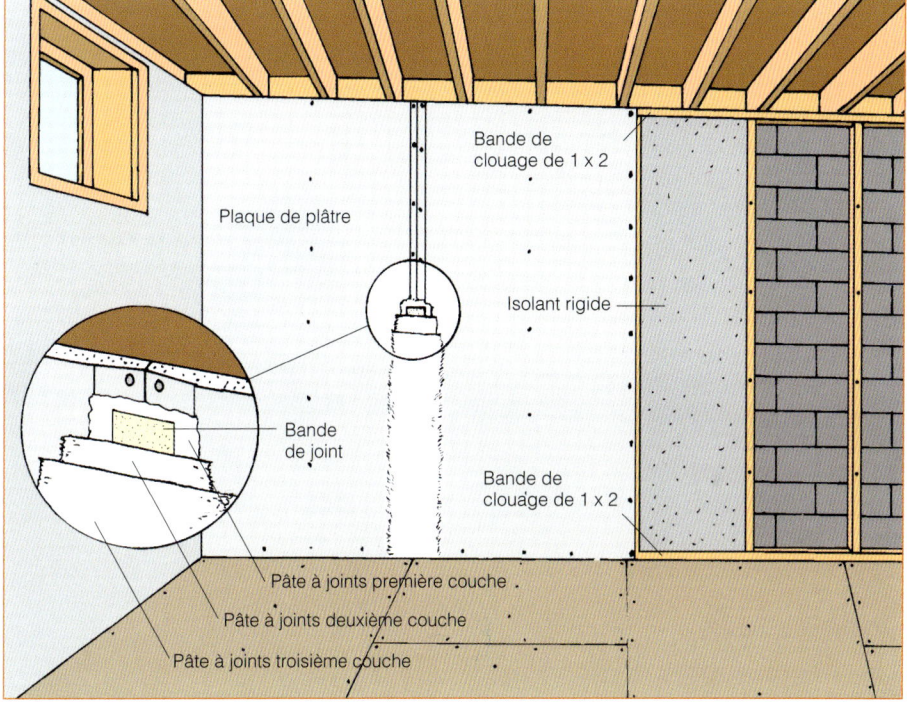

2 Commencez à un coin du mur. Tenez un panneau contre le mur et redressez-le d'aplomb. Le panneau doit s'insérer parfaitement dans le coin.

3 Percez à travers le tasseau dans les fondations. Utilisez des vis à béton pour fixer les tasseaux. Assurez-vous que la tête de chaque vis est alignée avec la surface du tasseau.

4 Utilisez des tasseaux pour encadrer les tuyaux de plomberie et autres obstacles. Utilisez un scellant de mousse expansible pour remplir les vides. Portez des gants et des lunettes de sécurité quand vous utilisez ce produit. Ne remplissez pas trop.

5 Utilisez des vis de finition pour clouer les blocs de jambage aux bords des fenêtres et portes. Insérez de l'isolant en matelas et utilisez du calfeutrage pour sceller.

les panneaux subséquents, il est important de bien le faire au départ.

3 Installer les tasseaux. Tenez une deuxième feuille contre la première et glissez un tasseau de bois de 1 x 3 dans la rainure entre les deux. Percez trois ou quatre avant-trous dans le tasseau et les fondations. Retirez le tasseau et percez davantage les trous au besoin. Nettoyez les trous et utilisez des vis à béton pour fixer les tasseaux. Continuez de cette façon tout au long du mur. De temps en temps, vérifiez la verticalité de l'isolant.

4 Contourner les obstructions. S'il y a des tuyaux ou d'autres obstacles qui ne peuvent être déplacés, contournez-les en installant des tasseaux de part et d'autre. On peut entourer les pièces de formes irrégulières de scellant mousse compatible avec l'isolant. Continuez à placer les panneaux. Assurez-vous que les tasseaux respectent bien l'espacement de 60 cm (24 po) CÀC.

5 Sceller les extrémités. Coupez les blocs de jambage à une valeur égale à l'épaisseur de l'isolant plus celle de la plaque de plâtre et clouez-les au jambage de la fenêtre et de la porte. (Les blocs de jambage sont de minces pièces de bois clouées aux jambages avec des clous de finition. Ils servent à prolonger le jambage pour qu'il soit aligné avec la surface finie du mur adjacent.) Utilisez une scie circulaire à table pour couper le bloc de jambage à partir d'une pièce de 2 cm (3/4 po). Une fois le bloc fixé, utilisez du calfeutrage au latex pour sceller les petites ouvertures, là où l'isolant rencontre le cadre de porte ou de fenêtre.

6 Finition des coins. On doit créer un solide support pour le bord de chaque plaque de plâtre, particulièrement dans les coins. Aux

7 Quand vous installez des matelas de fibre de verre revêtus d'aluminium, agrafez leurs bords aux poteaux. Ne laissez pas de jeu.

6 Encadrer la fenêtre. Coupez un appui de fenêtre en 2 x 4 pour l'insérer entre les poteaux de chaque côté de la fenêtre. Placez l'appui à 1,2 cm (1/2 po) sous la fenêtre pour permettre l'ajout d'une plaque de plâtre sur l'appui. S'il y a du béton au-dessus de la fenêtre, vous aurez aussi besoin d'un linteau placé à 1,2 cm (1/2 po) au-dessus de la fenêtre. Ajustez la structure de bois sous l'appui de façon à maintenir l'espacement tous les 40 cm (16 po) CÀC le long du mur. Pour permettre plus de lumière dans le sous-sol, conférez un angle au mur fini et repositionnez l'appui de fenêtre en conséquence. (Voir page 48 pour une autre façon d'encadrer les fenêtres.)

7 Installer l'isolant. Les murs secondaires doivent avoir une barrière d'humidité sur le côté chaud des poteaux. Cela empêche l'air humide de pénétrer dans la structure du mur et de se condenser sur la surface plus froide des fondations. Une façon d'installer cette barrière d'humidité est d'isoler avec des matelas de fibre de verre revêtus d'aluminium.
Attention : Quand vous manipulez de l'isolant, protégez-vous des fibres inévitablement relâchées dans l'air. Portez un masque antipoussières, des lunettes de sécurité, une chemise à manches longues et un pantalon long, un chapeau et des gants durant l'installation ou chaque fois que vous déplacez ou découpez l'isolant. Quand vous utilisez du matelas de fibre de verre, ne laissez aucun endroit à découvert, même la solive de rive. Isolez derrière les tuyaux ; ceux-ci doivent être situés du côté chaud de l'isolant. Les cloisons entre des pièces chauffées ne requièrent pas d'isolant.

Installer un isolant rigide

Au lieu de construire des murs secondaires juste pour retenir l'isolant, vous pourriez installer des panneaux rigides d'isolant et les poser directement sur les murs de fondations. Ce produit à résistance thermique de R-4 à R-7 par pouce d'épaisseur est fait d'une variété de matériaux plastiques dont la mousse de polystyrène, le polystyrène extrudé, le polyuréthane et la mousse de polyisocyanurate. Tous ces produits sont offerts en feuilles pratiques et certains sont même conçus pour l'isolation de murs de fondations. Certains produits (au moins une marque de polystyrène extrudé) ont des côtés rainurés qui peuvent être retenus avec des tasseaux de bois de 1 x 3. Bien que le polystyrène extrudé soit très résistant à l'humidité, les murs de fondations doivent être secs avant son installation. (Voir page 20.) Le système suivant met en relief le polystyrène extrudé qui est rainuré sur les bords et retenu avec des tasseaux en bois. L'isolant lui-même a une épaisseur de 3,8 cm (1 1/2 po) et une résistance thermique de R-7,5. Les feuilles étant de 60 x 244 cm (2 x 8 pi), les tasseaux sont donc installés tous les 60 cm (24 po) CÀC. Les plaques de plâtre aussi sont clouées tous les 60 cm (24 po) CÀC au lieu du typique 40 cm (16 po) CÀC. Cette installation est correcte car la plaque de plâtre est entièrement soutenue par les tasseaux et l'isolant. Consultez les codes du bâtiment locaux pour vous assurer que cette méthode est permise chez vous.

1 Couper les feuilles. Mesurez l'entaille à faire et gravez l'isolant légèrement du bout de l'ongle. Avec un couteau à lame rétractable, coupez en partie à travers la feuille puis cassez la pièce sur le rebord d'une table. Utilisez cette méthode pour tailler chaque panneau afin qu'il s'insère exactement entre le plancher et le mur. Taillez des tasseaux de 1 x 3 à la même hauteur que l'isolant.

2 Installer les panneaux. Commencez à un coin du mur. Tenez une feuille d'isolant contre le mur et redressez-la d'aplomb. Taillez un côté, si nécessaire, pour l'insérer dans un espace qui n'est pas vertical. Parce que ce premier panneau détermine l'aplomb de tous

1 Utilisez un couteau à lame rétractable et une règle de précision pour découper l'isolant mousse. Soutenez bien le panneau sur une table de travail, puis cassez-le le long de l'entaille. Il n'est pas nécessaire de tailler au travers.

Les murs

3 Construire le mur. L'on construit un mur secondaire de la même façon qu'une cloison, comprenant même un jeu de 1,2 cm (1/2 po) qui permet à l'ensemble d'être érigé en position. En d'autres termes, coupez les poteaux de manière à ce qu'ils aient 8 cm (3 1/4 po) de moins que la distance entre le plancher et les solives. S'il y a une fenêtre dans le mur de fondations, ajustez le plan de façon à ce qu'il y ait un poteau de chaque côté. Pour le moment, laissez l'ossature entre ces deux poteaux.

4 Insérez des intercalaires sur la sablière. Une fois la structure assemblée, élevez-la et alignez-la sur le trait au cordeau sur le plancher. Avec un assistant, tendez une corde à travers le mur. Tenez la corde à 2 cm (3/4 po) des poteaux de chaque bout. Si le mur touche à la corde, il est bombé vers l'intérieur ; s'il s'éloigne des poteaux, il est bombé vers l'extérieur. Utilisez des bardeaux intercalaires entre la sablière et chaque solive. Assurez-vous que le mur est d'aplomb puis clouez à travers la sablière et dans les solives avec des clous 12d à chaque endroit.

5 Clouer la lisse. Une fois que la sablière est bien clouée aux solives, vérifiez la position de la lisse selon les traits du plan et revérifiez les poteaux pour leur verticalité. Puis clouez à travers la lisse comme si vous clouiez un mur de cloison.

4 Levez la structure en position et alignez-la sur le trait au cordeau sur le plancher (haut). Mettez le mur d'aplomb et insérez des intercalaires entre la sablière et les solives pour bloquer la structure en place (bas). Puis clouez à travers la sablière et les intercalaires dans les solives.

5 Alignez le bas de la structure sur le trait au cordeau puis clouez à travers la lisse dans le plancher.

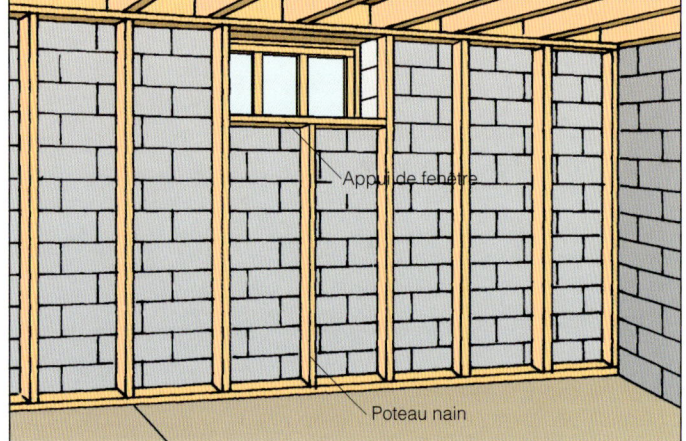

6 Coupez un appui de fenêtre pour l'insérer entre les poteaux, puis clouez-le en place sous la fenêtre. Ajoutez du cadrage s'il est nécessaire de renforcer l'appui et clouez-le à la lisse.

chapitre 6

Les ouvertures

Les fenêtres

À moins que votre sous-sol ne soit un sous-sol ajouré (dont au moins un mur est au niveau du terrain), il n'a probablement pas beaucoup de fenêtres. Pour une salle de jeu ou un bureau à la maison, ce n'est pas un problème – acheminez assez d'électricité et le tour est joué avec la lumière artificielle. Mais pour une chambre à coucher, toutefois, les codes du bâtiment entrent en jeu.

Codes du bâtiment et fenêtres de sous-sol

Que l'on ait à ajouter une fenêtre ou non n'est pas qu'une question de goût. Toutes les chambres à coucher, dont celles du sous-sol, requièrent une sortie de secours.

S'il y a une porte qui mène directement dehors (et non une trappe inclinée ; voir page 52), on peut la considérer comme sortie de secours. S'il n'y a pas de porte toutefois, chaque chambre à coucher doit avoir au moins une fenêtre de sortie. Les normes pour une telle fenêtre spécifient sa grandeur minimum, son « ouverture nette » et la distance maximum entre l'appui et le plancher. L'ouverture nette est la surface en mètres (pieds) carrés de l'espace disponible pour qu'une personne puisse grimper à travers la fenêtre ouverte. Elle est mesurée entre les obstacles comme les arrêts de fenêtre qui bloquent le passage. Cette surface minimum est de 0,46 m^2 (5 pi^2).

Remplacer une fenêtre de bois

Le problème des fenêtres en cadre de bois dans les sous-sols, c'est qu'elles sont vulnérables à la pourriture et aux insectes. Dans certains cas, le bois affecté peut être simplement découpé et réparé avec du remplisseur d'époxy mais les dommages graves exigent le remplacement de la fenêtre. Mesurez les dimensions de l'ouverture brute (le trou dans le mur) et essayez d'en trouver une de mêmes dimensions chez les distributeurs de fenêtres. Sinon, vous devrez commander une fenêtre faite sur mesure. Puisque ceci peut prendre un certain temps, n'enlevez pas la vieille fenêtre trop vite. Les méthodes de remplacement varient selon la manière dont la fenêtre originale a été installée ; portez donc attention à la façon dont l'ancienne a été installée.

Détails de fenêtres

Si l'intérieur des fondations est destiné à être isolé, les cadres de fenêtre doivent être construits en caisson pour correspondre à l'épaisseur combinée de l'isolant et des surfaces de mur finies. Étant donné la grande variété de dimensions de fenêtres, de types de cadres et d'emplacements, il n'y a pas de manière idéale de réaliser ce projet. Si toutefois la fenêtre en est une de sortie, consultez les codes du bâtiment locaux avant de procéder – construire une fenêtre en caisson affecte parfois son accessibilité. Voici des options à considérer.

Cadrage de mur secondaire. Pour les murs en ossature de bois construits pour isoler les fondations, il y a plusieurs façons de finir la surface autour des fenêtres de fondations. La plus simple consiste à traiter la fenêtre comme si elle était un cadre de mur normal. Un appui en 2 x 4 cloué entre les poteaux forme l'ouverture brute alors que le plafond est abouté dans le haut de la fenêtre. Les nouveaux jambage et appui peuvent être finis avec du préfini ou une plaque de plâtre. Tenez bien compte de leur épaisseur quand vous installez le cadrage. (Voir page 41.) Une alternative au caisson est de donner un angle à l'appui de fenêtre ou de l'évaser vers l'intérieur. Ce travail un peu délicat résulte en un sous-sol plus clair car la lumière est réfléchie dans la pièce plutôt que d'être bloquée par l'appui.

1 Cadrer le mur. Pour offrir un dégagement à l'appui évasé, le cadrage immédiatement sous la fenêtre doit être plus court qu'ils ne le serait normalement. Pour un angle

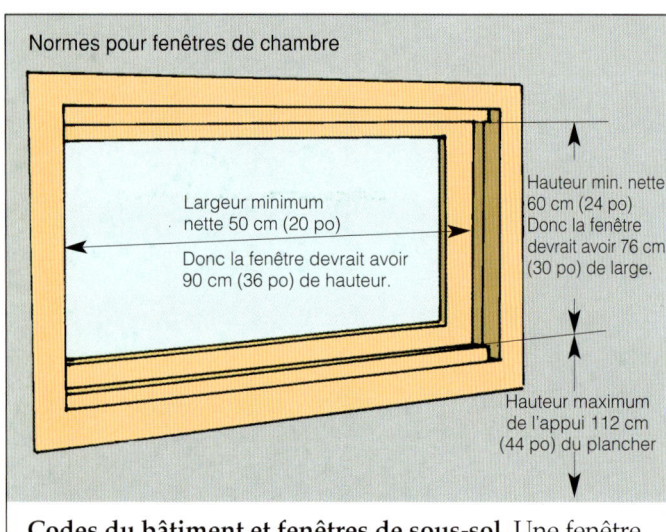

Codes du bâtiment et fenêtres de sous-sol. Une fenêtre de sortie de chambre sert de sortie de secours. L'ouverture nette ne peut être inférieure à 0,46 m^2 (5 pi^2).

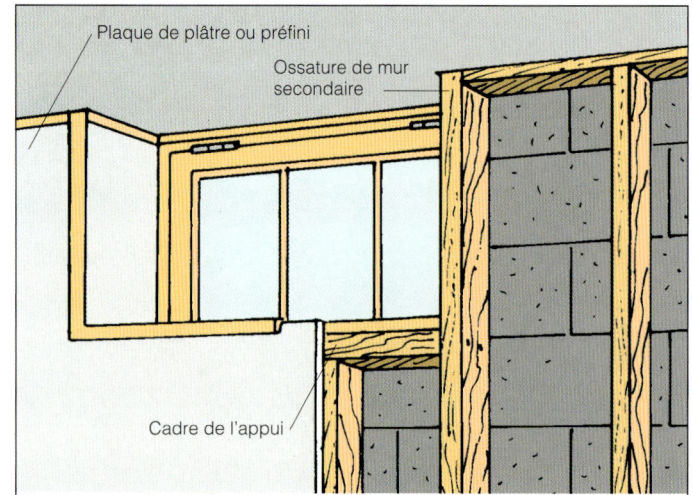

Ossature de mur secondaire. Aux endroits où un mur secondaire rencontre une fenêtre, le cadrage peut être fait en fonction de surfaces finies du mur.

de 45 degrés, le cadrage doit être plus court par la largeur des poteaux (9 cm [3 1/2 po] par exemple, si la structure est faite de pièces de 2 x 4). Pour un évasement plus prononcé, la structure doit être plus courte. Cadrez le mur ; mettez-le en place et fixez-le au plancher et au-dessous des solives. (Voir page 38.)

2 Installer la semelle. Coupez de la semelle de 1 x 4 à la largeur de la fenêtre et fixez-la aux fondations avec des vis à béton. Ne vous servez pas de clous à béton quand vous travaillez si près d'un bord de maçonnerie. Coupez un biseau de 45 degrés à la même longueur que la première pièce et clouez la semelle au haut du mur cadré. Cela offre un support au panneau d'appui de fenêtre. Le bord supérieur de la semelle peut être biseauté lui aussi, si désiré.

3 Installer le panneau d'appui de fenêtre. Le panneau d'appui peut être du contreplaqué, une plaque de plâtre ou même du préfini pour s'harmoniser avec le reste de la pièce. De toute façon, coupez une pièce qui s'insérera sous la fenêtre et fixez-la temporairement en place. (Vous pourriez avoir à la tailler peu après la finition des murs.)

4 Tailler le biseau. Après avoir installé les surfaces finies du mur (habituellement plaque de plâtre ou préfini), taillez le panneau d'appui au besoin pour une bonne insertion. Placez de l'isolant derrière le panneau puis clouez-le au support et à la semelle en dessous. Ajoutez un seuil pour couronner le dessus du panneau. Utilisez une baguette d'angle ou une garniture de bois pour recouvrir le bas.

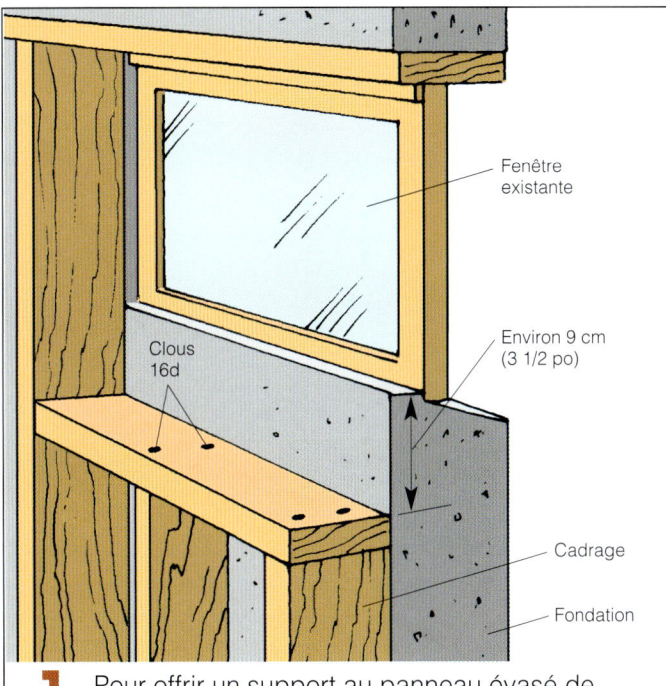

1 Pour offrir un support au panneau évasé de l'appui de fenêtre, structurer le mur sous la fenêtre de façon à ce que la sablière soit plus basse qu'elle ne devrait l'être normalement.

3 Coupez le panneau d'appui et fixez-le en place temporairement. Ses dimensions exactes peuvent être ajustées plus tard.

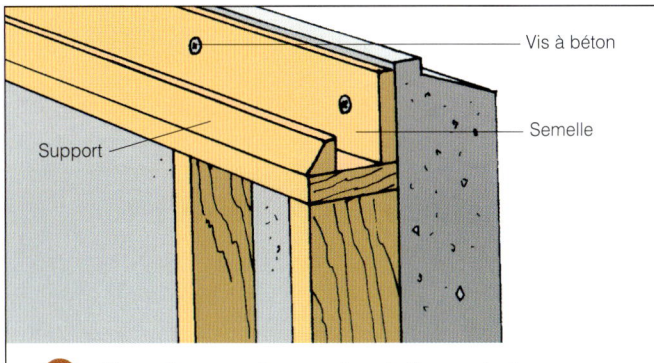

2 Fixez la semelle aux fondations et clouez un support biseauté au tasseau mural. Le support doit être biseauté à un angle égal à celui de l'appui de fenêtre qui viendra.

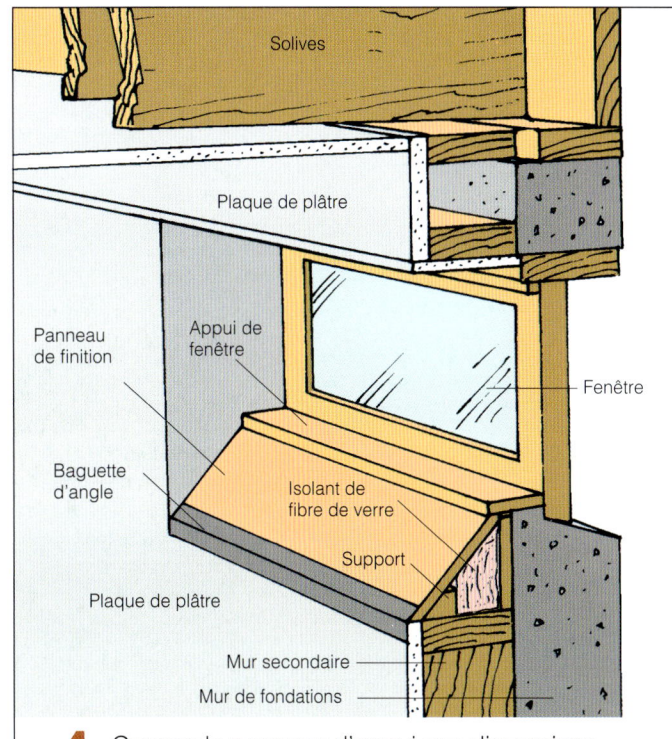

4 Coupez le panneau d'appui aux dimensions finales ; ajoutez l'isolant derrière ; clouez le panneau en place. Taillez la surface biseautée au besoin pour recouvrir les bords du panneau de l'appui.

Garniture de fenêtre

Après que vous avez terminé la « boîte » de fenêtre, passez à la finition. Les petites fenêtres paraissent mieux dans de simples encadrements assemblés à onglet sans rebord de fenêtre ou allège (appelé « boiserie à encadrement »). Pour de grandes fenêtres de sous-sol, plusieurs types de chambranles sont possibles, la plupart utilisant une version de deux joints de base : le joint à onglet et le joint abouté. Un joint à onglet sert là où deux pièces de bois sont jointes à un angle (typiquement 90 degrés). Ce joint sert souvent dans les coins où la garniture change de direction. Le joint abouté est le plus simple des joints. Les deux pièces à joindre sont coupées carré et l'une est simplement aboutée à l'autre. Ce joint sert là où les pièces de garniture de différentes épaisseurs et formes se rencontrent.

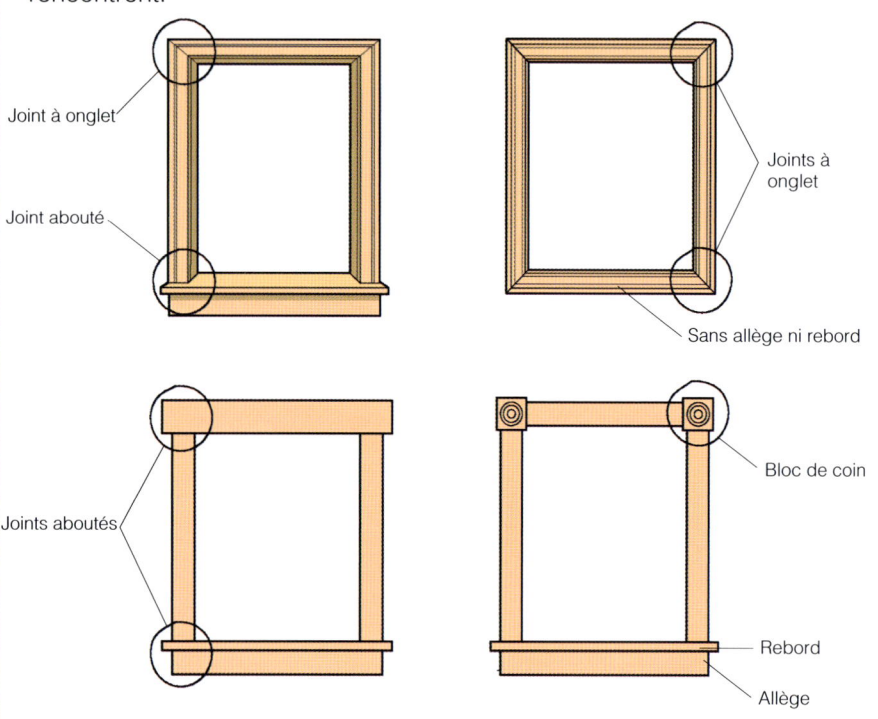

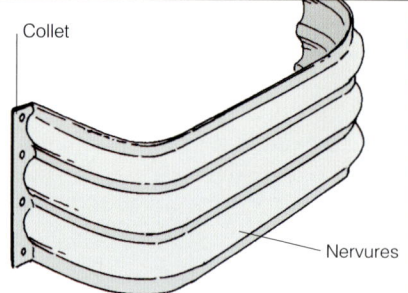

Murettes d'encadrement de soupirail. Choisissez-en une qui a 15 cm (6 po) de plus en largeur que l'ouverture de la fenêtre et qui est assez profonde pour se prolonger de 20 cm (8 po) sous le niveau de l'appui de fenêtre.

Les murettes d'encadrement de soupirail

Il est possible d'insérer une petite fenêtre au haut des fondations tout en maintenant l'exigence de 15 cm (6 po) au-dessus du sol (le minimum du code). Ce code vise à protéger les éléments de bois contre la pourriture en gardant la terre éloignée. Si les fenêtres sont trop rapprochées du sol, essayez de réduire la hauteur de ce sol. (Assurez-vous que la pente descend en s'éloignant du mur.) La terre enlevée peut être utilisée ailleurs dans la cour. Si vous ne pouvez abaisser le niveau du sol, vous devrez installer une murette d'encadrement de soupirail. Cette murette agit comme un barrage en gardant la terre éloignée de la fenêtre qui est en partie sous le niveau du sol. Bien que la murette puisse être faite de blocs de béton, une murette en acier galvanisé achetée en quincaillerie est plus facile à manipuler. Les nervures de la murette lui confèrent de la force et les collets à chaque bout lui permettent d'être boulonnée au mur de fondations. Les murettes sont offertes en plusieurs dimensions. Choisissez-en une qui a 15 cm (6 po) de plus en largeur que l'ouverture de la fenêtre et qui soit assez profonde pour se prolonger de 20 cm (8 po) sous le niveau de l'appui de fenêtre.

1 Creusez un trou assez grand pour contenir la murette d'encadrement de soupirail. Laissez plusieurs centimètres (pouces) de jeu pour la manipuler.

2 Utilisez la murette comme gabarit pour marquer l'emplacement des boulons sur les fondations ; puis forez pour des ancrages à béton. Après avoir installé la murette, remplissez avec du gravillon et placez-en une épaisseur dans le fond pour faciliter le drainage.

1 **Creuser le trou.** Placez la murette près de la maison et utilisez-la comme gabarit pour marquer le périmètre du trou. N'essayez pas de creuser un trou trop précis. Laissez plusieurs centimètres (pouces) de jeu pour pouvoir déplacer la murette en position. Puis nettoyez la saleté de la partie nouvellement exposée des fondations. Pour faire de la place pour le gravier, creusez 10 à 12 cm (4 à 5 po) de plus que la profondeur de la murette. (Rappelez-vous que le dessus de la murette doit être à environ 15 cm [6 po] au-dessus du niveau du sol.)

2 **Fixer la murette.** Tenez la murette contre les fondations et marquez la position des trous de montage. Forez les fondations pour recevoir des ancrages à béton. (Voir page 36.) Recouvrez de mastic d'asphalte les surfaces de contact et installez la murette. Remplissez avec du gravillon ; puis, pelletez 10 ou 12 cm (4 ou 5 po) de gravillon dans la murette elle-même (pour améliorer le drainage). Pour empêcher l'accumulation de débris et de neige, recouvrez la murette d'une bâche de plastique transparent.

Les portes et leur cadrage

Le cadrage autour des portes de sous-sol est assez simple car les cloisons ne sont pas portantes. Donc, il n'y a pas besoin de linteau au-dessus de la porte. Plusieurs amateurs trouvent que des blocs-portes sont faciles à installer. (Ils peuvent être installés, qu'il y ait ou non un linteau en place.) Ces unités assemblées à l'usine éliminent certains travaux délicats de menuiserie. Parce que la dimension de l'ouverture brute dépend de la grandeur de la porte et de son cadre, il vaut mieux acheter la porte avant de bâtir la structure de mur.

1 **Cadrer l'ouverture brute.** Aucun mur n'étant porteur, un simple cadre de porte fera l'affaire.

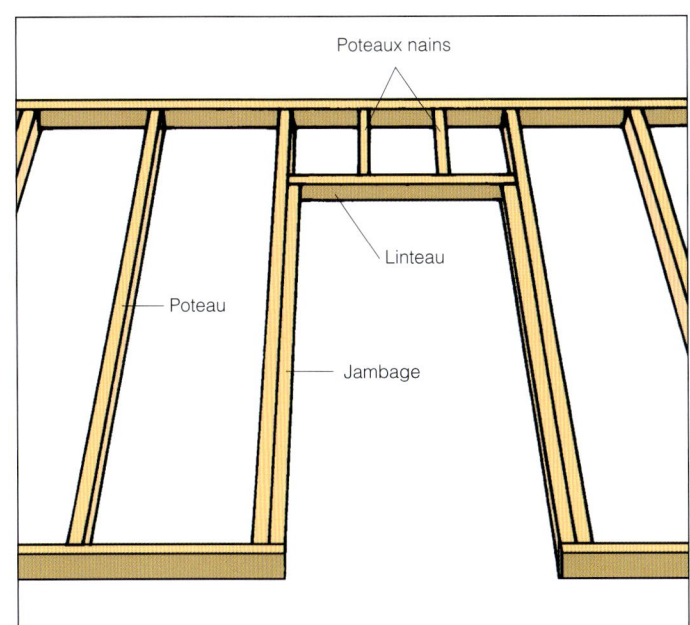

1 Vous pouvez ajouter du cadrage de porte quand vous construisez la cloison sur le plancher. Puis vous relevez toute l'unité en place.

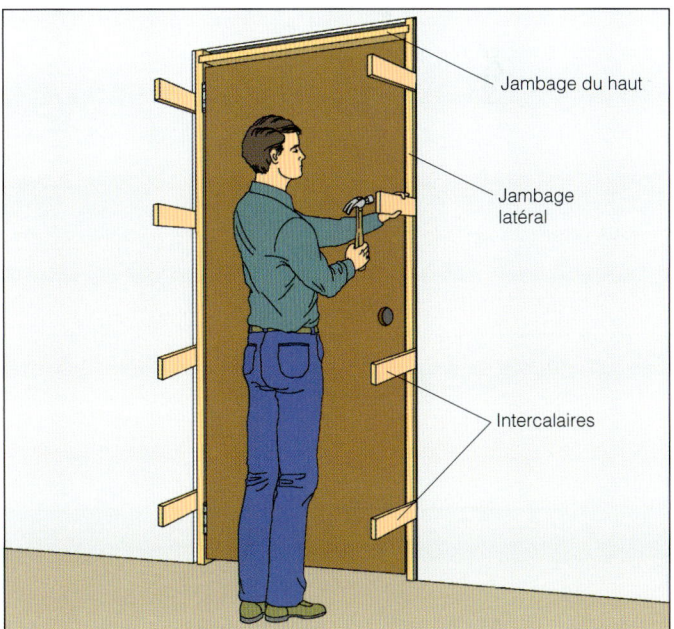

2 En commençant côté charnière, insérez des intercalaires dans le jambage latéral de la porte. Insérez-les en paires sur les côtés opposés du mur. Utilisez des clous 8d à finition à travers les intercalaires au fur et à mesure que vous les installez.

Vous pouvez installer le cadrage pour l'ouverture brute de la porte avant d'ériger le mur en place. L'ouverture brute est généralement de 12 mm (1/2 po) plus large et 6 mm (1/4 po) plus haut que les dimensions extérieures des jambages de porte. Cela permet d'insérer des intercalaires autour de l'unité pour qu'elle soit d'aplomb et de niveau.

2 Installer les jambages. Retirez tous les clous qui fixent la porte aux jambages, puis insérez l'unité dans l'ouverture brute. Avec l'aide de la porte elle-même comme guide, installez des intercalaires de bois pour ajuster la position des jambages dans l'ouverture. Commencez à insérer les intercalaires entre le plancher et les jambages latéraux selon les besoins pour mettre le jambage du haut de niveau. (Ces intercalaires sont temporaires ; retirez-les quand les jambages sont cloués en place.) Puis, insérez les intercalaires dans le jambage côté charnières pour qu'il soit droit et d'aplomb. (Un niveau à bulle de 1,2 m [4 pi] est idéal pour ce projet, mais non requis.) Finalement, insérez les intercalaires dans le côté opposé.

3 Vérifier les dégagements. Commencez par le haut quand vous insérez les intercalaires sur le jambage côté serrure de la porte. Essayez de maintenir la distance qui existe entre la porte et le jambage sur toute sa longueur. Ouvrez la porte périodiquement pour vous assurer qu'elle s'ouvre et se ferme convenablement.

Trappes inclinées

Il est possible d'avoir au sous-sol une porte qui mène directement dehors, même dans un sous-sol sous le niveau du sol. Une telle porte peut convenir comme sortie de secours bien que selon les codes du bâtiment, elle ne se qualifie pas comme porte de sortie d'une chambre à coucher. Une trappe inclinée est pratique. Il est plus facile d'y faire entrer les meubles dans le sous-sol que par les autres ouvertures de la maison. Si le sous-sol servira d'atelier, une porte de ce genre est essentielle pour y entrer le contreplaqué et les grands outils. Ajouter une porte est un gros contrat qui implique de creuser un grand trou dans les fondations et de couler des murs de béton pour retenir la terre – un travail de pro. La trappe inclinée implique une porte extérieure encadrée dans une nouvelle ouverture dans les fondations. Puis un mur de retenue supporte l'escalier de béton ou de métal qui mène à la trappe inclinée. Une trappe inclinée (en acier) possède deux panneaux qui s'ouvrent de l'intérieur vers l'extérieur. Ces panneaux protègent de la pluie, de la neige et des débris. La porte de passage au bas de l'escalier doit être à l'épreuve des intempéries, construite en métal isolé avec un cadre de métal. Le métal isolé ne pourrira pas et empêchera l'air froid de descendre dans le sous-sol.

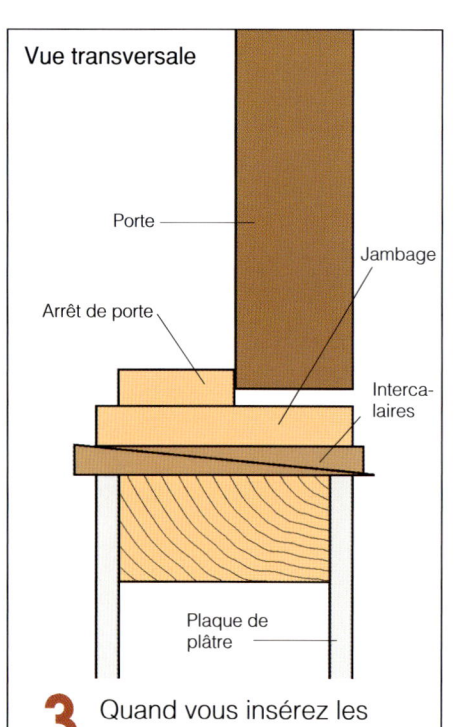

3 Quand vous insérez les intercalaires sur le jambage côté serrure, maintenez un dégagement égal entre la porte et le jambage sur toute sa longueur.

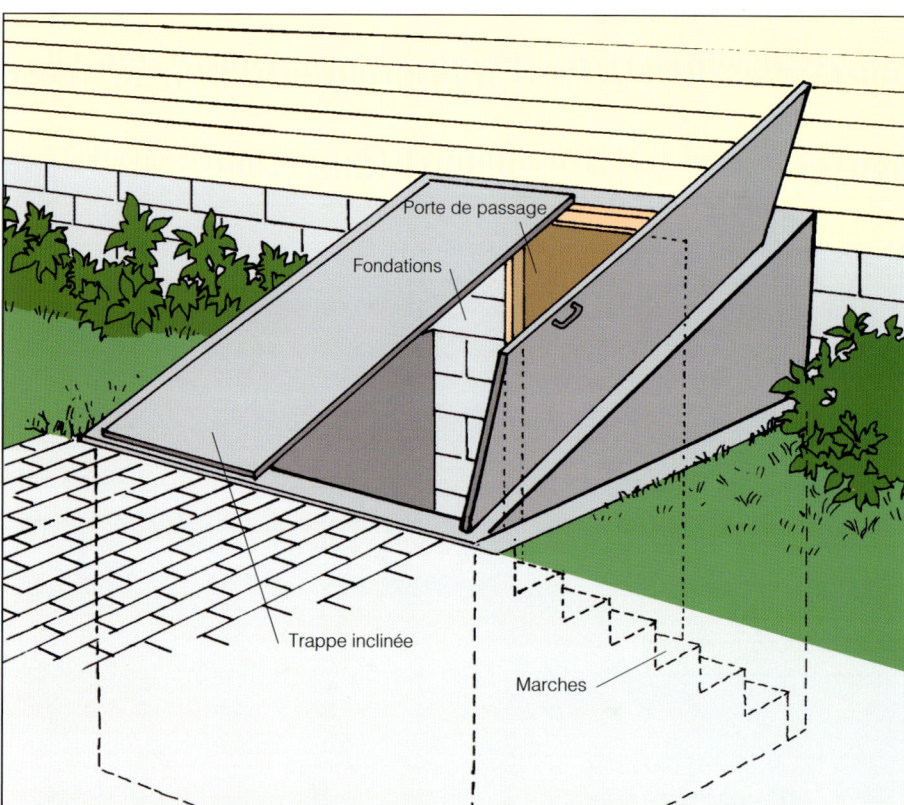

Trappe inclinée. Les panneaux d'acier de la trappe inclinée protègent la cage d'escalier des intempéries. Une porte de passage isolée en métal gardera la chaleur dans le sous-sol.

chapitre 7

L'électricité et l'eau

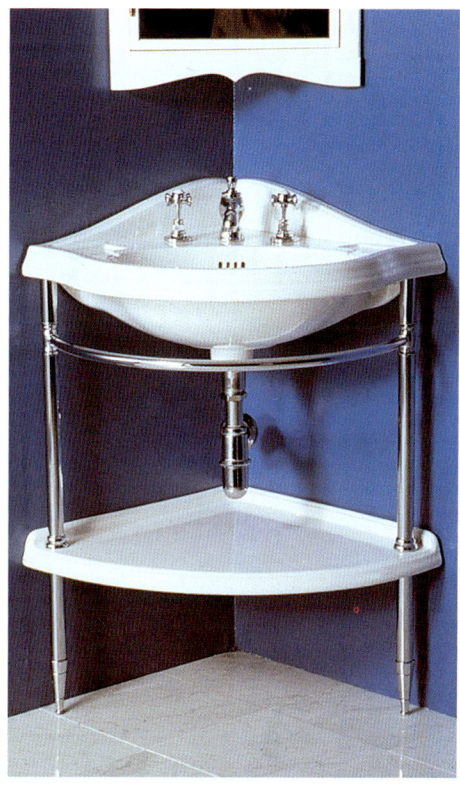

Le câblage

Une fois que les concepts de base sont compris, le câblage n'est pas difficile. Toutefois, il requiert une grande prudence et une adhésion stricte aux normes de sécurité en matière d'électricité. Dans certaines régions, seuls les électriciens certifiés peuvent travailler sur le câblage domestique alors qu'en d'autres endroits, un propriétaire de maison peut travailler sur toutes les facettes du système électrique. Assurez-vous d'être en conformité avec les codes locaux avant de commencer un travail de câblage.

Sécurité en électricité

■ Fermez toujours l'alimentation au tableau de distribution principal avant d'entamer tout projet d'électricité.

■ Testez toujours un fil conducteur pour voir s'il est sous tension avant de travailler sur ce circuit, même si vous êtes convaincu d'avoir coupé l'alimentation. Un vérificateur de tension est utile à cet effet.

■ Utilisez toujours des outils munis d'un manche isolé. N'utilisez pas de tournevis dont la tige se rend au bout du manche. Ce bout exposé pourrait transmettre un choc électrique.

■ N'utilisez jamais d'échelle en métal quand vous travaillez sur un projet électrique. Une échelle de bois ou de fibre de verre convient mieux.

Outils de câblage

Si la charpente est exposée pour permettre la pose du câblage brut (câbles et boîtes électriques), les seuls outils requis sont un marteau, une pince d'électricien et une perceuse électrique avec une vrille de 1 cm (3/8 po) ou une mèche à centre plat (pour forer dans les poteaux). Le travail de finition en électricité requiert une petite collection d'outils à main (liste qui suit) ainsi que du ruban isolant.

Fil de tirage. Il s'agit d'un rouleau de ruban rigide muni d'un crochet auquel on attache le câble ou le fil pour l'acheminer en le tirant à travers les murs. Le fil de tirage n'est pas requis sauf si le sous-sol a été fini avant et doit être maintenant agrandi.

Pince à bec effilé. C'est l'outil parfait pour couper un fil à la bonne longueur ou pour le plier en une boucle serrée afin de le raccorder à une borne.

Pince à dénuder. Les trous de coupe de cet outil correspondent aux diamètres de divers fils et permettent de les dénuder facilement.

Tournevis. Un tournevis plat et un cruciforme sont requis.

Vérificateur de tension. En insérant les sondes dans la prise de courant, cet outil peu cher détecte la présence d'électricité.

Tableau de distribution. L'électricité

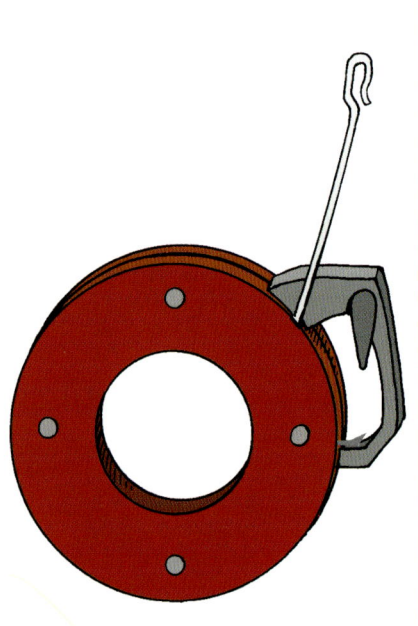

Fil de tirage. Ce fil de métal rigide sert à tirer le câble électrique à travers les murs et autres endroits inaccessibles.

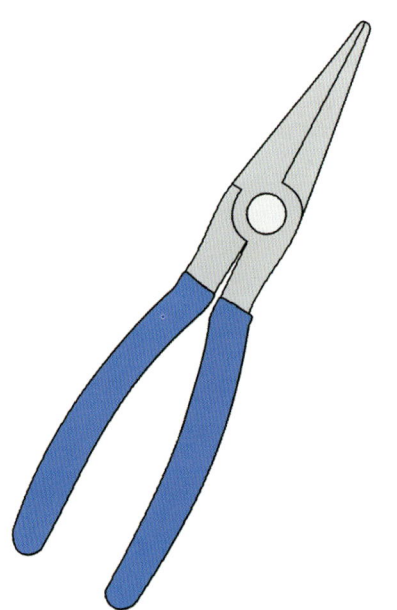

Pince à bec effilé. Cet outil pratique peut couper les fils et en boucler les bouts.

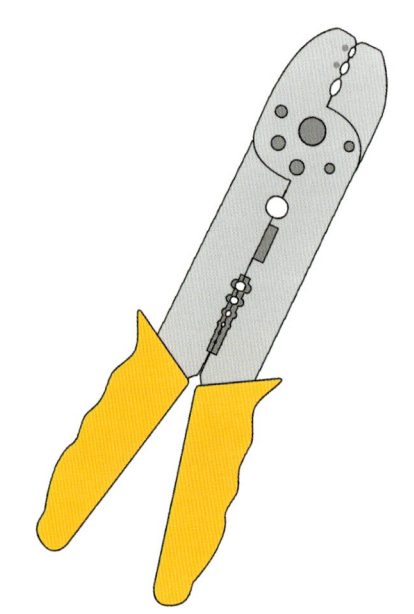

Pince à dénuder. Les trous de coupe de cet outil correspondent au diamètre de divers fils et permettent de les dénuder sans les entamer.

entre dans la maison à travers un compteur qui mesure la quantité d'électricité consommée et se rend dans le tableau de distribution, un centre de distribution qui divise l'électricité entrante en circuits qui desservent diverses portions de la maison. Chaque circuit est protégé par un fusible (dans les vieux tableaux) ou par un disjoncteur qui coupe le courant s'il y a une surcharge ou un court-circuit. Chaque circuit étant indépendant des autres, si le courant est coupé de l'un, les autres circuits sont intacts et continuent d'offrir du courant.

Ajouter des circuits pour répondre aux besoins du sous-sol consiste à couper le courant au tableau de distribution, à ajouter un ou plusieurs nouveaux circuits (disjoncteurs), à installer les fils et câbles à travers le sous-sol et à connecter toutes les prises de courant et interrupteurs au nouveau circuit. Si vous ne connaissez pas ce genre de travail, confiez-le à un maître électricien. Toutefois, vous pouvez économiser en installant tous les fils et câbles (très exigent en temps) et en confiant les raccordements à l'électricien. Avant de le faire, toutefois, trouvez un électricien qui est d'accord pour fonctionner de cette manière.

Acheminer les câbles

Les circuits domestiques sont habituellement équipés de câbles gainés non métalliques (Romex). Les câbles non métalliques (NM) sont flexibles et plus faciles à manipuler que d'autres types de câbles. Un câble comprend deux fils de cuivre ou plus à l'intérieur d'une gaine de plastique ; il est vendu au pied ou en rouleau de 7,5, 15 ou 30 m (25, 50 ou 100 pi). Les câbles d'aluminium, utilisés de 1940 à environ 1970 ne conviennent plus au câblage domestique. Consultez un électricien avant de modifier un système de câblage à l'aluminium. Le câblage qui fait le tour de la maison est supporté par des crampons de câbles. Un marteau est utilisé pour enfoncer ces crampons dans le bois de la charpente. Une boîte de crampons suffit pour rénover le sous-sol. Assurez-vous que les crampons sont de la bonne dimension pour les câbles que vous utiliserez. (L'information apparaît sur la boîte.)

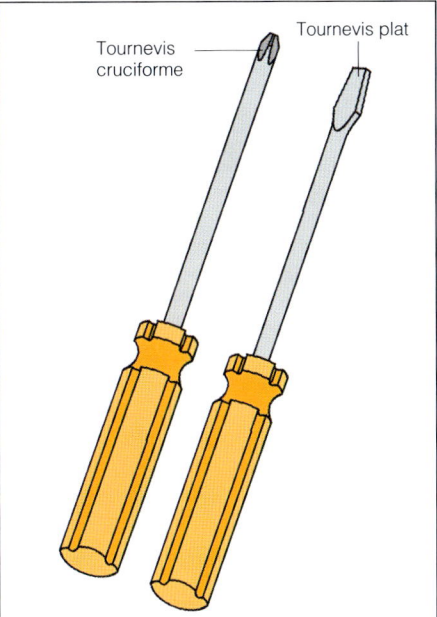

Tournevis. Un tournevis plat et un cruciforme avec des manches non conducteurs sont utiles.

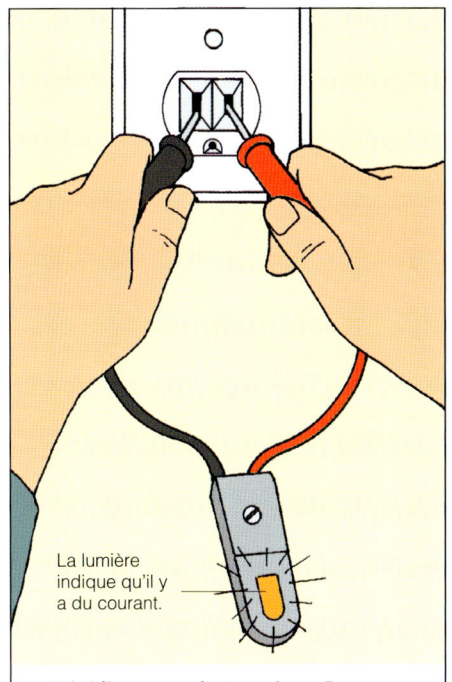

Vérificateur de tension. Les sondes du vérificateur sont insérées dans les trous d'une prise de courant pour détecter la présence de courant électrique.

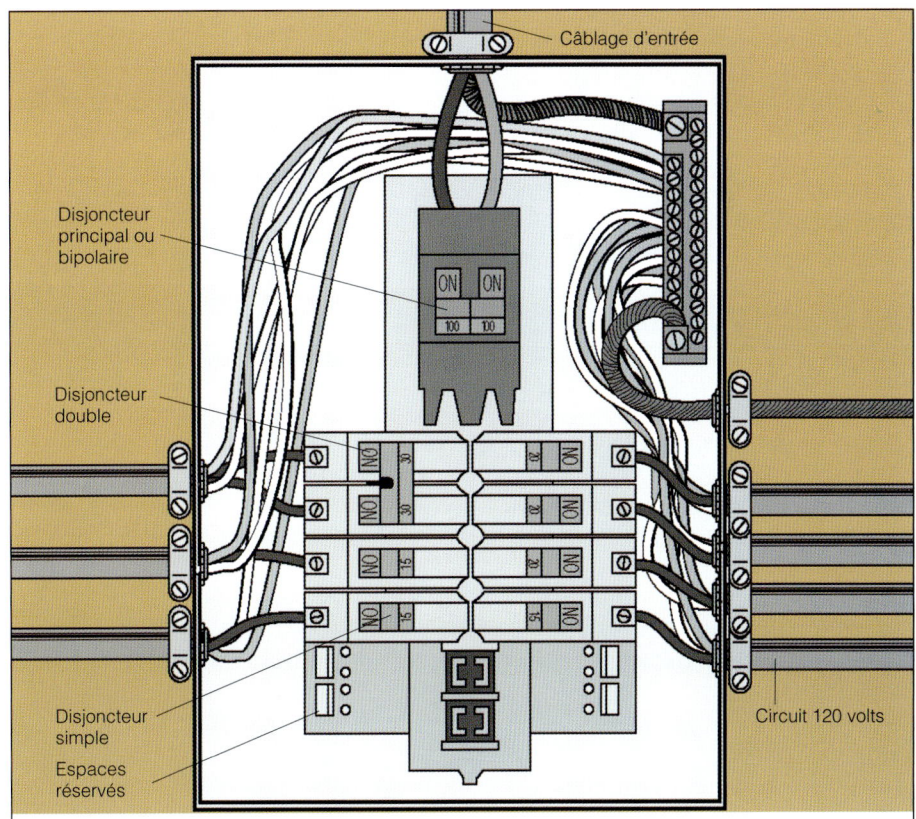

Tableau de distribution. Chaque câble entrant est relié à un disjoncteur distinct. Le tableau ci-contre a de l'espace pour 4 disjoncteurs additionnels, donc 4 nouveaux circuits dans le sous-sol.

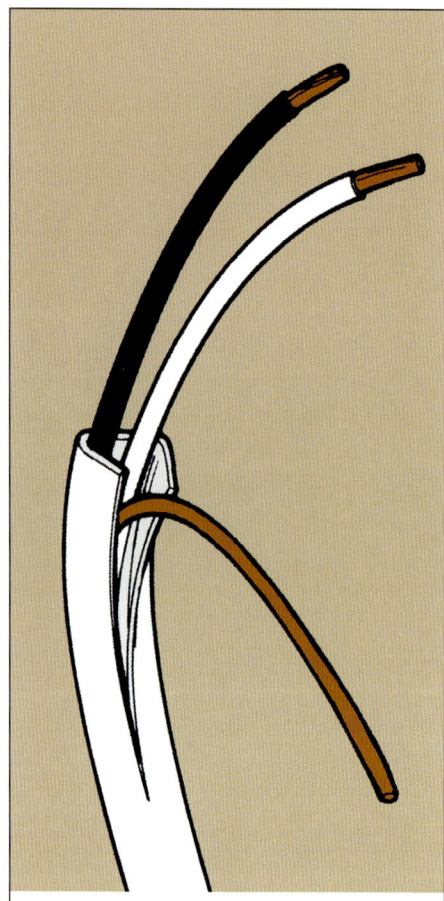

Câblage. Le câble non métallique à gaine de plastique flexible est la norme en câblage domestique. La gaine protège plusieurs fils individuels à l'intérieur.

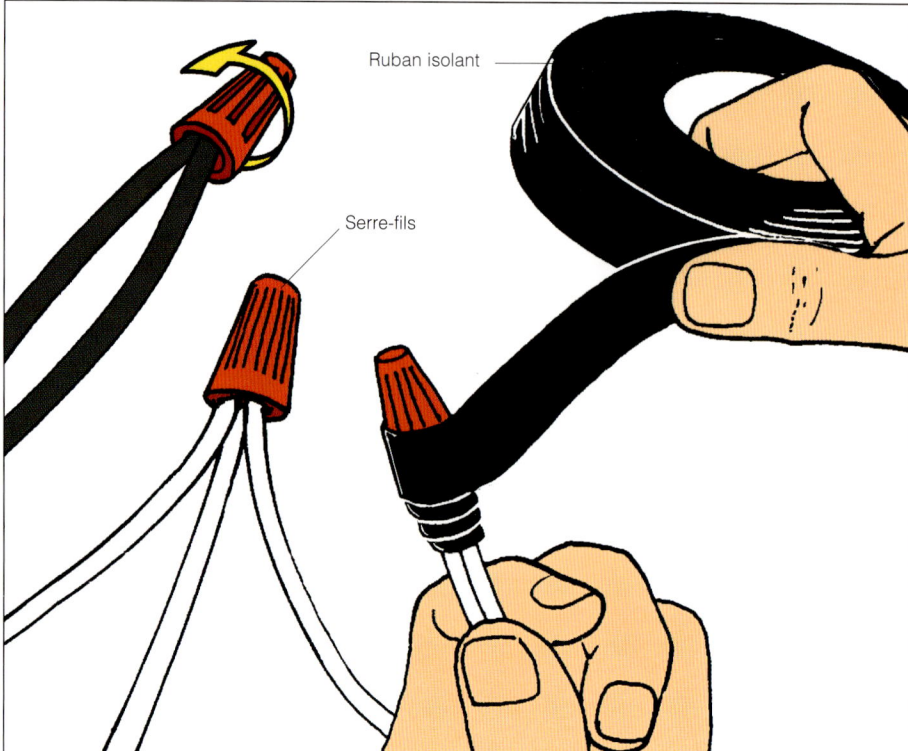

Joindre des fils. Les serre-fils sont de petits capuchons de plastique que l'on visse sur les bouts de fils torsadés ensemble. C'est une bonne idée d'isoler le serre-fils avec du ruban bien que cela ne soit pas exigé par les codes de l'électricité.

Raccorder les fils

Jadis, toutes les jonctions de fils dans la maison étaient soudées et recouvertes de ruban isolant. Maintenant, les raccords sont faits avec des capuchons de plastique appelés serre-fils. L'intérieur de chaque capuchon est fileté. Pour joindre les deux fils, dénudez environ 2 cm (3/4 po) de gaine de chaque fil ; tenez les fils ensemble puis tournez le serre-fils dans le sens des aiguilles d'une montre. (Il n'est pas nécessaire de torsader les deux fils ensemble comme le font bien des gens.) Pour enlever le serre-fils, dévissez simplement. Les serre-fils sont offerts en plusieurs tailles ; la bonne taille dépend du nombre de fils à joindre et de leur diamètre individuel. Habituellement, toutefois, un serre-fils sert à joindre deux ou trois fils n° 14 ou 12. Pour la plupart des travaux de rénovation de sous-sol, achetez une boîte de serre-fils de la taille la plus utilisée.

Types de câbles

Les fils individuels appelés conducteurs d'un câble sont offerts en plusieurs grosseurs. Les circuits qui alimentent l'éclairage et les prises de courant ont un câble n° 14 (qualifié pour un courant maximum de 15 ampères) ou du fil n° 12 (maximum 20 ampères). L'ampérage est une mesure de flot de courant. Les marques sur la gaine de plastique décrivent ce qui est à l'intérieur et identifient le type d'isolant qui le recouvre. Par exemple, voici une désignation courante :
14/2 WITH GROUND, TYPE NM, 600 V (UL).
Le premier nombre indique le diamètre du fil dans le câble (n° 14). Le nombre suivant révèle combien il y a de fils conducteurs dans le câble (2). Il y a aussi un fil de terre pour de l'équipement tel qu'il est indiqué (*with ground*). (Le fil de terre n'est pas considéré comme conducteur.) Dans ce cas, la désignation de type indique un câble qui ne peut être utilisé que dans un emplacement sec (intérieur) [NM]. Chaque fil est enveloppé de sa propre gaine isolante bien que le fil de terre puisse être nu. Après le type, un nombre indique le voltage maximum permis à travers ce câble (600 V). Finalement, « UL » spécifie que ce câble a été certifié comme sécuritaire pour les usages pour lesquels il est désigné par Underwriters Laboratories. Pour des raisons de sécurité, n'utilisez jamais de câble non certifié UL.

Évaluer les besoins en câblage

Le nouveau câblage qui va du tableau de distribution au premier interrupteur ou à la première prise de courant du sous-sol doit être ininterrompu. Les codes permettent quelques exceptions à cette règle mais une longueur ininterrompue est idéale et presque toujours possible. Vous pourriez avoir à faire serpenter le câblage autour d'obstacles divers en l'amenant vers le sous-sol. Or, au lieu d'essayer de calculer la longueur de ce parcours, commencez simplement avec un rouleau de 7,5 m (25 pi) de câble. Dans la plupart des cas, cette longueur suffira amplement et l'excès servira au câblage général dans le sous-sol. Lorsque vous acheminez du câble à travers une charpente dans laquelle tous les murs et les nouvelles cloisons sont exposés, il est relativement facile d'évaluer la quantité de fil requise. Mesurez la distance entre chaque raccordement ; ajoutez 30 cm (12 po) à chaque connexion, puis, ajoutez 20 % au total pour la marge d'erreur.

Le filage de murs d'ossature à plateforme

Installer du câblage à partir du tableau de distribution à travers le sous-sol est plus facile que dans d'autres parties de la maison. La méthode sera différente pour chaque maison, mais le guide qui suit propose des techniques éprouvées pour faire face à une variété de situations. Les fils ne sont raccordés à la source de courant que lorsqu'ils ont été reliés de façon sécuritaire aux prises de courant ou interrupteurs.

1 Le câblage au tableau de distribution. Commencez le trajet avec un surplus de câble de 1,2 m (4 pi) au tableau de distribution. L'électricien aura assez de câble pour le raccorder au disjoncteur.

2 Assujettir les fils. Utilisez des crampons de fils pour soutenir le câble à des intervalles de 1,2 m (4 pi) ou selon les codes locaux. N'endommagez pas la gaine externe du câble en enfonçant les crampons. Soutenez les câbles de chaque côté d'un coin.

3 Percer à travers la charpente. Dans les endroits où le câble traverse la charpente, percez un trou de 2 cm (3/4 po) pour permettre assez de jeu pour tirer sur le fil. Bien qu'une mèche à centre plat puisse être utilisée à cette fin, une mèche à bois est plus facile et plus sécuritaire. Les mèches à bois sont offertes dans les quincailleries et maisonneries. Lorsque vous percez à travers la charpente, le trou doit être à au moins 3 cm (1 1/4 po) du bord d'une solive ou d'un poteau pour empêcher qu'un clou de finition pénètre dans le fil. Si le trou est plus près que 3 cm (1 1/4 po), le code national d'électricité exige que le câblage soit protégé par une plaque de métal. De telles plaques sont offertes dans les quincailleries et maisonneries où l'on vend des produits d'électricité.

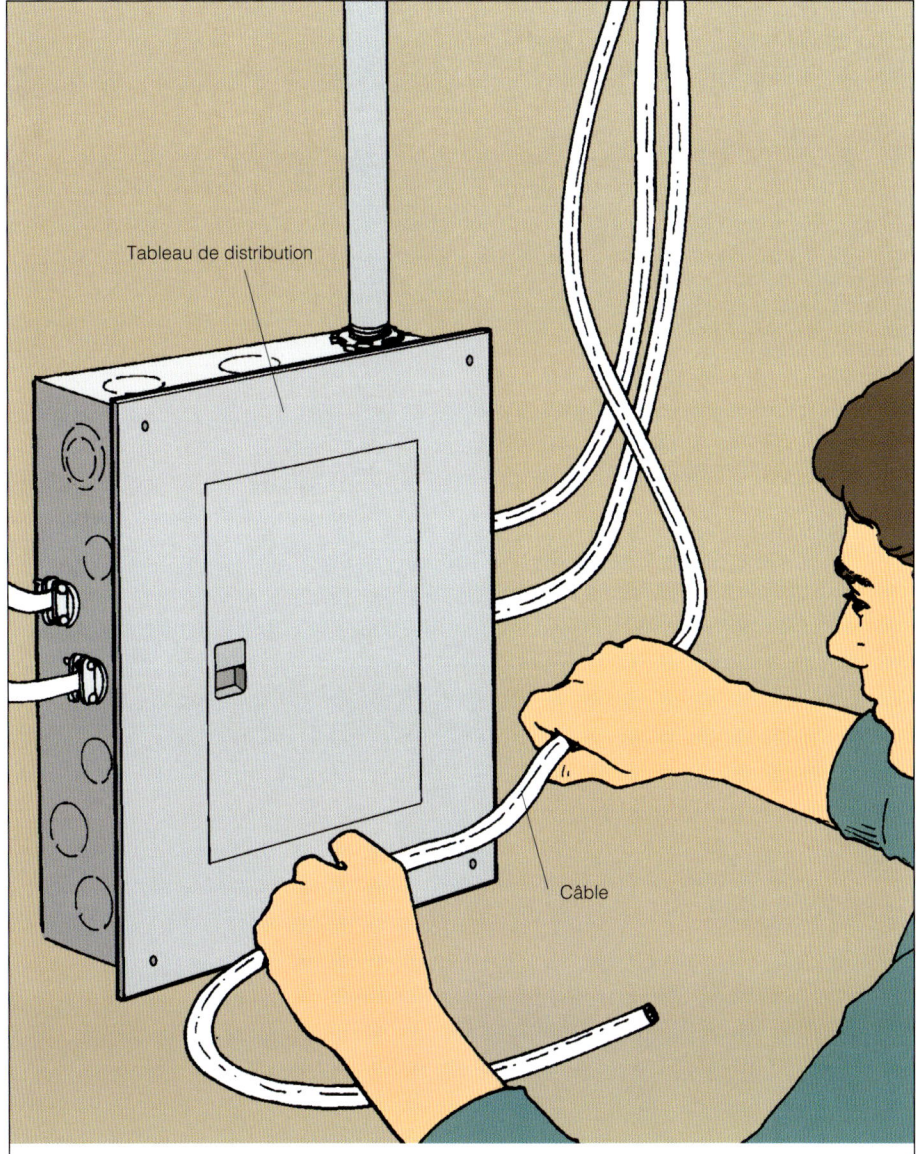

1 Lorsque vous préparez le câble pour sa jonction future à un disjoncteur, laissez un surplus de 1,2 m (4 pi) près du tableau pour faciliter la tâche de l'électricien.

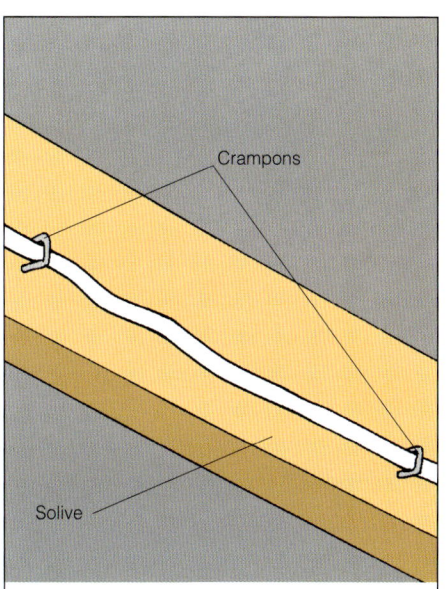

2 Des crampons métalliques sont utilisés pour retenir les câbles le long de leur parcours. Les crampons sont cloués en place mais pas trop serré.

4 **Percer à travers les solives.** Pour percer les solives, utilisez la même mèche que pour les poteaux. Faites le trou toujours dans le tiers du centre de la solive. La solive est affaiblie par un trou dans le tiers du bas et des clous peuvent interférer dans le tiers du haut de la solive.

Le câblage sur les murs de béton

Parce qu'il est difficile d'acheminer le câblage et d'installer des boîtes électriques sur des murs de béton, on construit des murs secondaires contre les fondations et on achemine le câblage à travers. (Voir page 42.) Toutefois, si vous acheminez le câblage directement sur un mur de béton, lisez ce qui suit. Consultez les codes locaux, surtout en ce qui a trait à la mise à la terre.

Installer des systèmes affleurants

Le câblage peut être installé le long d'un mur de béton ou de maçonnerie en autant qu'il est contenu dans un système qui le protège contre les dommages mécaniques. L'un de ces systèmes fait usage de boîtes de métal et de tubes électriques métalliques (EMT).
Des connecteurs spéciaux forment un scellant étanche entre le tube et la boîte. Le tube est fixé avec des bandes de métal vissées au béton. Des boîtes électriques sont aussi vissées en place. Installer ce système exige des outils spéciaux et, parce que le câble gainé est trop encombrant, des fils individuels doivent être glissés à travers le tube.
Au lieu du tube de métal, un autre système affleurant plus facile à installer consiste en une tringle de plastique munie d'un couvercle-pression qui contient le câble et en une séries d'accessoires pour changer la

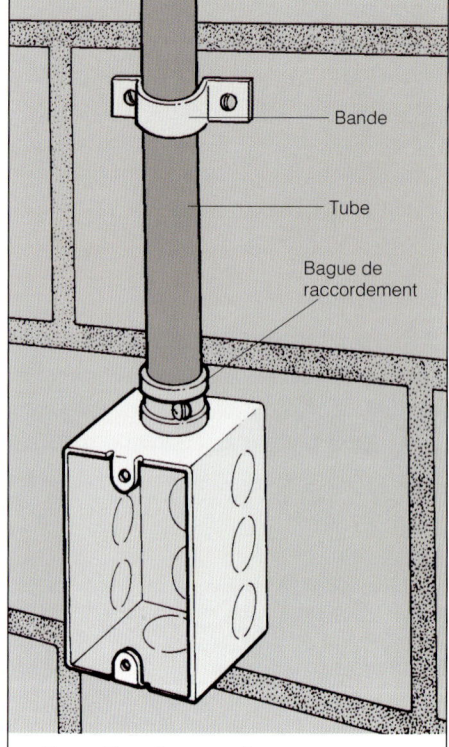

Installer des systèmes affleurants. Des conducteurs individuels sont acheminés dans du tube léger relié à chaque boîte électrique.

Plaque de métal

3 Un câble qui passe près du bord d'une solive ou d'un poteau doit être protégé par une plaque de métal. Avec un marteau, forcez la plaque contre le bois ; des barbes sur l'endos de la plaque s'agripperont au bois.

direction du câblage et pour raccorder des bouts de tringle. (Consultez les codes locaux avant d'installer ce genre de système.) Les seuls outils requis ici sont une scie à métaux et une perceuse électrique avec des forets de carbure. Le système lui-même peut être acheté dans les maisonneries. Faites une esquisse de votre sous-sol qui montre approximativement l'emplacement des interrupteurs, prises de courant et boîtes de jonction et apportez-la avec vous au magasin. Si le fournisseur permet de retourner des produits non utilisés, achetez-en plus que nécessaire.

1 **Installer l'alimentation.** Les systèmes affleurants utilisent des câbles à un fil plutôt qu'un câble gainé. Ce dernier peut toutefois être utilisé pour raccorder le système affleurant au tableau de distribution. Un adaptateur spécial placé sur une boîte électrique standard fait la transition du câble gainé à chaque fil conducteur individuel. La boîte

4 Utilisez une mèche à bois et une perceuse électrique pour percer à travers les solives. Faites les trous en minimisant les dommages et en gardant les câbles hors d'atteinte.

L'électricité et l'eau

affleurante contient les débouchures dans les quatre côtés pour recevoir la tringle qui part vers le haut ou les autres côtés.

2 Installer les tringles et les coudes. Commencez avec la boîte du début et installez des bouts de tringle de base (offerts en longueurs de 1,5 m [5 pi]). Percez un trou dans la tringle tous les 45 cm (18 po) et à 12 mm (1/2 po) de chaque extrémité. Utilisez-la comme gabarit pour marquer l'emplacement des trous sur le mur. Forez des trous dans le mur pour des vis à béton ou des manchons de plastique ; puis fixez la tringle au mur. (Ne serrez pas trop les vis pour éviter d'endommager la tringle.) Faites courir la tringle de base vers la région de chaque interrupteur ou boîte électrique et fixez la boîte avec des vis à béton ou des manchons de plastique selon les instructions du manufacturier.

3 Installer les intersections. Aux endroits où les bouts de tringle de base rencontrent des intersections, coupez le collet de la tringle pour faire de la place pour les fils. Les tringles qui se rencontrent dans un coin intérieur ou extérieur sont aboutées. Les détours sur le même mur sont assemblés à onglet. Utilisez une scie à métaux et une boîte à onglet pour découper.

4 Acheminer les fils. Les systèmes affleurants utilisent des conducteurs de type THHN au lieu de câbles gainés. Plus de dix fils conducteurs n° 14 peuvent entrer dans une tringle ou sept fils n° 12. Utilisez des attaches de plastique pour retenir les fils qui vont des interrupteurs aux boîtes.

5 Recouvrir la tringle de base. Découpez des bouts de couvercle de tringle de base pour les presser en place. Puis découpez des couvercles de 3,5 cm (1 3/8 po) de chaque intersection pour permettre

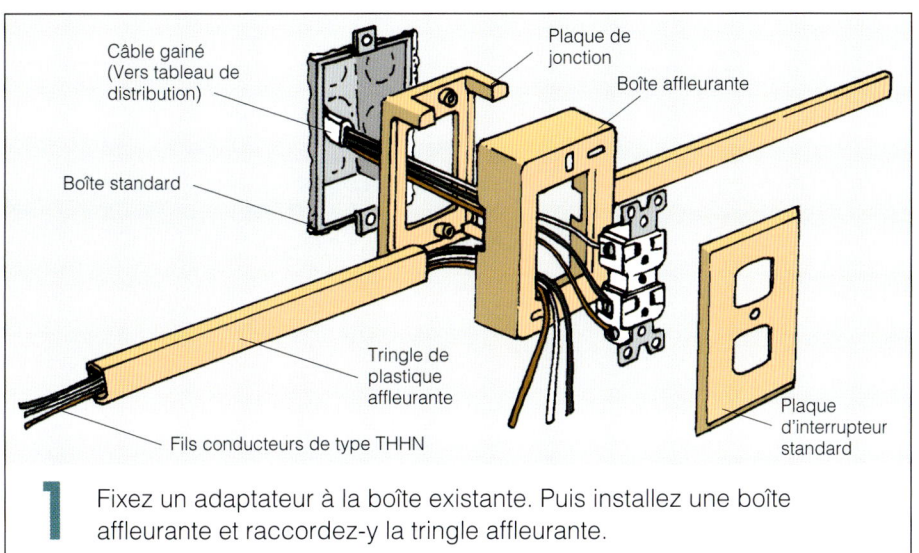

1 Fixez un adaptateur à la boîte existante. Puis installez une boîte affleurante et raccordez-y la tringle affleurante.

2 Percez des trous dans la tringle de base. Utilisez la tringle comme gabarit pour marquer l'emplacement des trous sur le mur.

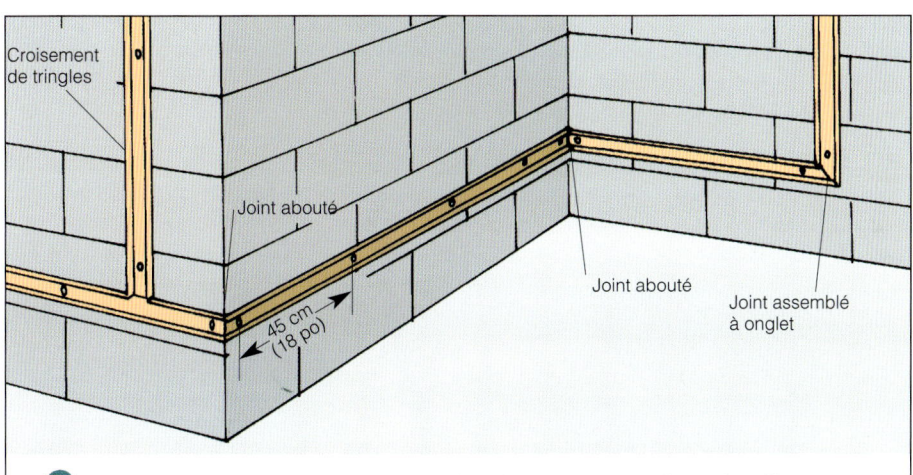

3 Pour les intersections à mi-chemin, découpez le collet tel qu'il est indiqué. Utilisez des joints aboutés pour les coins intérieurs et extérieurs, et assemblés à onglet pour les tournants sur le même mur.

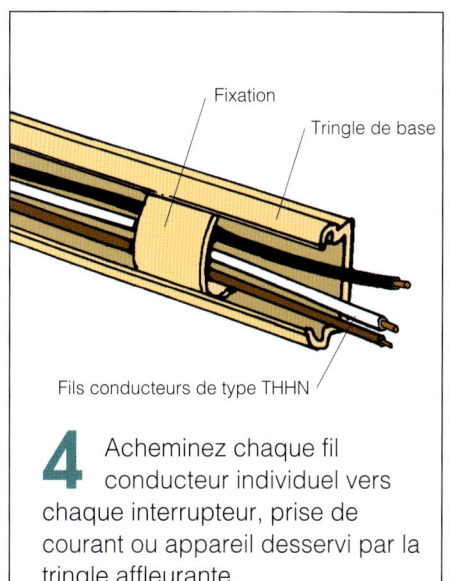

4 Acheminez chaque fil conducteur individuel vers chaque interrupteur, prise de courant ou appareil desservi par la tringle affleurante.

L'électricité et l'eau

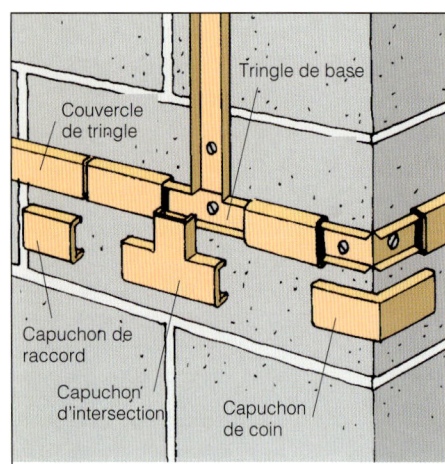

5 Des capuchons ou couvercles sont pressés sur la tringle de base, et des couvercles de joints sont pressés sur les intersections et les raccords. Les fils conducteurs ne sont jamais visibles une fois l'installation complétée.

l'installation de divers couvercles de joints.

Repositionner un câblage existant

Il arrive souvent que beaucoup de câblage se trouve déjà au sous-sol. Ces câbles alimentent des circuits ailleurs dans la maison et peuvent avoir à être déplacés, selon leur position, et selon le type de plafond de sous-sol envisagé.
Si les câbles passent par des trous dans les solives, ne vous inquiétez pas sauf s'ils sont à moins de 3,2 cm (1 1/4 po) du bord des solives. Si c'est le cas, clouez une plaque de protection à la solive pour empêcher que les câbles ne soient percés par des clous de finition. Si vous prévoyez installer un plafond suspendu, les câbles n'auront pas à être repositionnés. (Voir page 73.) Toutefois, si vous installerez un plafond de plaques de plâtre et si les câbles passeront sous les solives, ils devront être déplacés.

1 **Libérer les câbles.** Avec des pinces, saisissez un côté de chaque crampon de câble et retirez le crampon. N'écrasez pas le câble dans les pinces et ne marquez pas la gaine du câble. Déplacez les câbles temporairement et jetez les vieux crampons.

2 **Découper une encoche.** Selon les codes du bâtiment, les encoches dans la partie inférieure d'une solive ne doivent pas être à plus de 1/6 de la profondeur de la solive et ne doivent pas être situées dans le tiers central de la longueur de la solive. Si vous ne pouvez respecter ces critères, débranchez le circuit et faites passer les fils dans des trous à travers les solives. Pour dessiner l'encoche, placez une équerre réglable à l'épaisseur voulue de l'encoche (juste assez profond pour faire passer les fils) et marquez les lignes de coupe sur le bord de chaque solive. Avec une scie

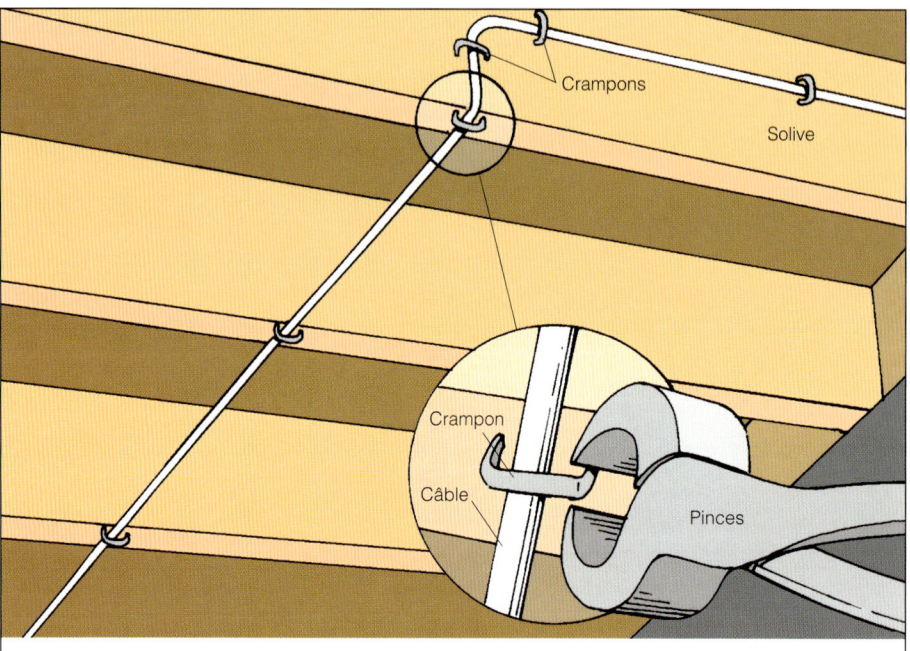

1 Pour détacher un crampon de câble, saisissez un côté avec des pinces et retirez le crampon. N'endommagez pas le câble lui-même.

2 N'entaillez jamais une solive dans le tiers central de sa longueur. Marquez les lignes de coupe là où des entailles doivent être pratiquées pour faire passer le câble dans chaque solive et utilisez une scie sauteuse pour faire des entailles peu profondes.

3 Faites sauter au marteau la partie sciée de l'encoche.

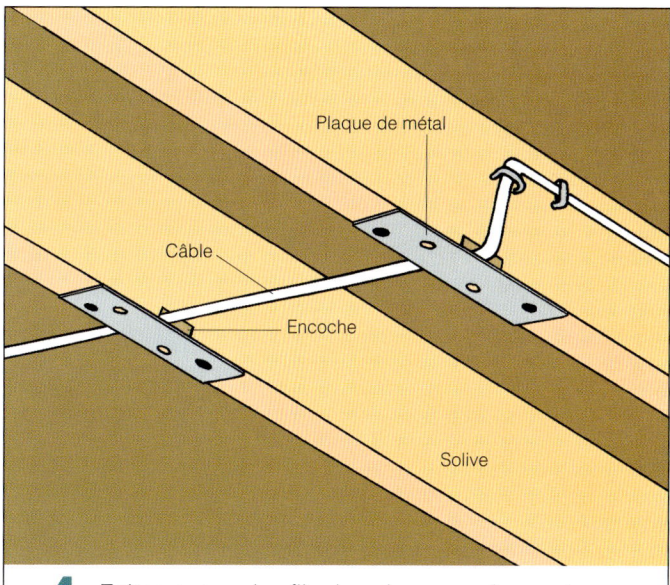

4 Faites passer les fils dans les encoches puis clouez par-dessus une plaque de protection en métal aux bords de la solive.

sauteuse ou une scie à main, découpez chaque côté de l'encoche.

3 **Finir l'encoche.** Le dessous de l'encoche sera parallèle au grain de la solive, ce qui vous permettra de faire sauter la partie sciée de l'encoche avec un marteau. Si nécessaire, utilisez un ciseau à bois pour nettoyer le fond de l'encoche.

4 **Repositionner les câbles.** Placez les câbles dans l'encoche. (Si nécessaire, utilisez un crampon de câble pour les faire tenir en place.) Selon les codes de l'électricité, les câbles doivent être protégés par une plaque de métal d'une épaisseur d'au moins 1/16 po.

La canalisation

Ajouter des canalisations d'alimentation d'eau d'un évier ou d'une salle de bains de sous-sol est facile pour ceux qui connaissent le coupage et le soudage de tuyaux de cuivre. Travailler sur un drain ou un évent est plus difficile. L'information qui suit permettra à l'amateur de connaître l'ampleur d'un tel projet. C'est un travail de professionnel, particulièrement si le sous-sol est sous le niveau du système drain-évent-déchets existant. Consultez un plombier avant de finaliser un aménagement de sous-sol. Il suggérera un emplacement ou des raccords qui réduiront frais et efforts.

Ajouter de nouvelles canalisations d'alimentation. L'eau chaude et l'eau froide alimentant les appareils dans la maison sont acheminées par des tuyaux en cuivre ou, dans le cas de vieilles maisons, en fer galvanisé. Les nouveaux tuyaux sont presque toujours faits de cuivre. L'eau dans un système d'alimentation domestique est sous pression, ce qui permet aux tuyaux de prendre n'importe quelle direction. Installer une nouvelle canalisation d'alimentation est simple : fermez l'eau à l'entrée de la maison, videz les tuyaux jusqu'à l'appareil le plus bas, connectez-vous sur une canalisation existante et soudez des bouts de tuyau de cuivre jusqu'à l'appareil lui-même. Chaque canalisation vers un appareil se termine par un robinet d'arrêt. Lorsque l'on ajoute une canalisation d'alimentation, il faut l'acheminer en parallèle avec les solives de plancher si c'est possible et la coincer dans les espaces entre les solives.

Repositionner des canalisations existantes d'alimentation

Les tuyaux qui amènent l'eau vers les appareils du haut sont souvent acheminés sous les solives. Si vous prévoyez installer un plafond en plaques de plâtre, il faudra repositionner ces tuyaux, ce qui n'est pas un problème s'il n'y a pas trop de tuyaux à déplacer, comme ce serait le cas si la maison était chauffée à l'eau chaude ou à la vapeur ; un plafond suspendu serait alors la solution. Vous pourriez réutiliser les tuyaux existants mais allez-y donc pour du neuf, la facture ne sera pas beaucoup plus grosse.

1 **Marquer les parcours.** Avec un crayon de menuiserie ou un marqueur, marquez sur le dessous des solives l'emplacement de futures encoches sur le long des tuyaux horizontaux existants. Les tuyaux les plus communs sont de 12 mm (1/2 po), 19 mm (3/4 po) et 25 mm (1 po) (mesures internes). L'extérieur d'un

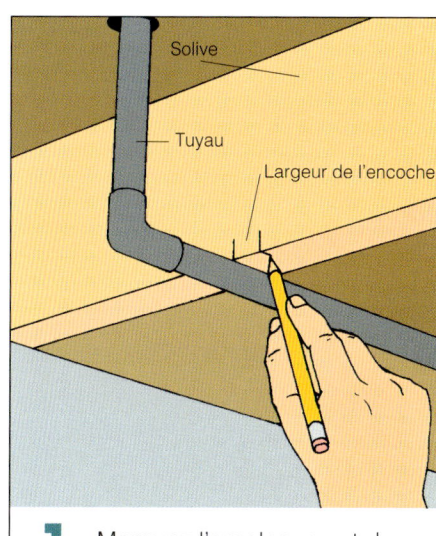

1 Marquez l'emplacement de l'encoche sur le dessous de chaque solive.

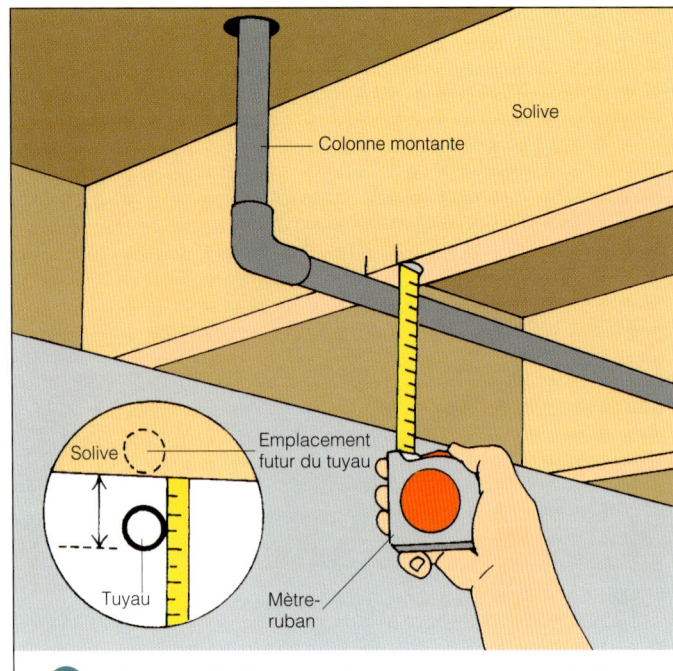

2 Mesurez du dessous du tuyau au dessous de la solive. Ajoutez 6 mm (1/4 po) pour avoir la portion à couper.

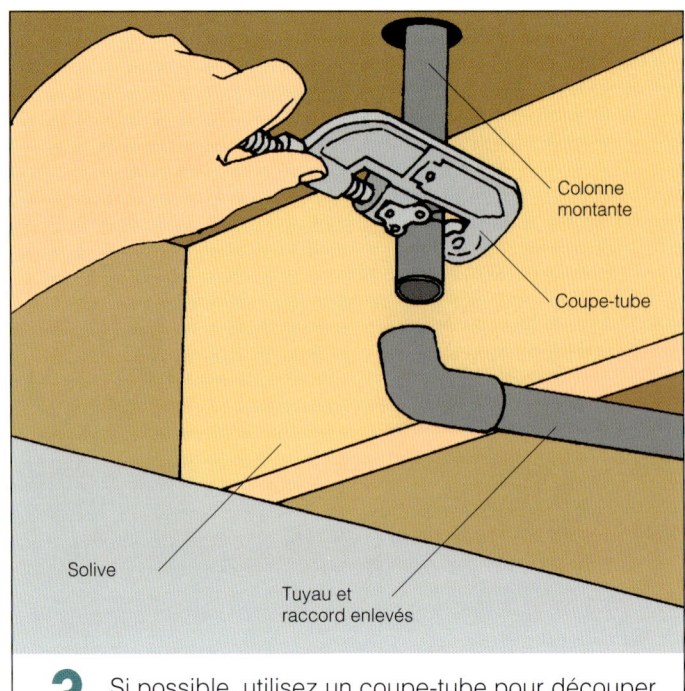

3 Si possible, utilisez un coupe-tube pour découper chaque colonne montante. Puis préparez-vous à souder tuyaux et raccords.

tuyau de cuivre étant d'environ 3 mm (1/8 po) plus grand en diamètre que ses dimensions internes, les encoches seront de 16 mm (5/8 po) à 29 mm (1 1/8 po) de large.

2 Mesurer ce qui doit être coupé. Avant d'enlever les tuyaux, estimez la distance dont ils devront être relevés. Pour minimiser la profondeur des encoches dans les solives, le dessous des tuyaux peut être aligné sur le dessous des solives. Mesurez du dessous du tuyau au dessous de la solive. Ajoutez 6 mm (1/4 po) pour permettre l'espace pour les raccords. Le total représente ce qui devra être coupé de la solive dans l'encoche pour relever les tuyaux.

3 Couper les colonnes montantes. Avec un chalumeau au propane, chauffez le raccord existant jusqu'à ce que la soudure se liquéfie pour le désassembler. Puis, avec un coupe-tube ou, si vous n'avez pas assez d'espace, une scie à métaux, coupez la colonne montante. Enlevez la pièce dont la longueur égale la distance dont le tuyau devra être relevé. Puis, avec une scie sauteuse ou une scie à main, découpez l'encoche dans les solives. (Voir page 60.) Utilisez les marques faites au n° 1 comme guides.

4 Raccorder les tuyaux. Pour une bonne soudure, nettoyez bien les raccords existants. Remontez les tuyaux en place et soudez-les ensemble. Une plaque de métal sur chaque encoche protégera contre les clous de finition.

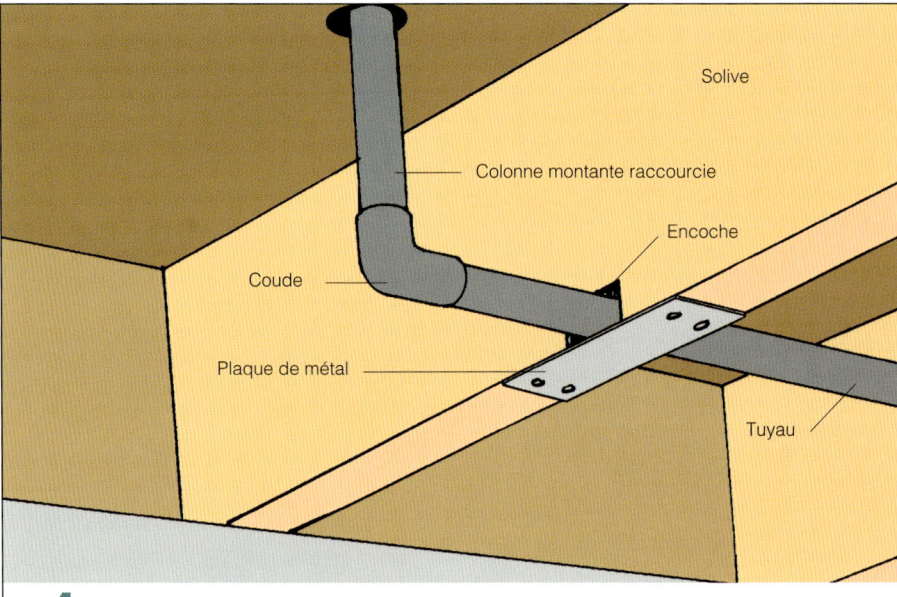

4 Installez le tuyau dans l'encoche et soudez les raccords. Clouez une plaque de métal sur chaque encoche pour protéger les tuyaux contre les clous de finition.

chapitre 8

La finition

Travailler avec poutres et piliers

Les poutres et les piliers font partie de la structure qui soutient la maison et c'est pourquoi ils ne doivent jamais être altérés, déplacés ou éliminés sans les conseils d'un ingénieur en structures. Malheureusement, les poutres et les piliers gênent souvent l'aménagement.

Piliers

Les piliers de sous-sol offrent un soutien intermédiaire à une poutre. Dans la plupart des cas, la dalle de béton immédiatement sous le pilier a été renforcée pour redistribuer les charges structurelles. Le haut et le bas de chaque pilier sont cloués de biais ou boulonnés pour empêcher tout mouvement latéral. Les piliers de vieilles maisons sont habituellement faits de bois solide alors que dans les maisons plus récentes, les piliers sont des poteaux tubulaires en acier que l'on peut régler à diverses hauteurs. Ils varient de 7,5 à 14 cm (3 à 5 1/2 po) de diamètre et peuvent être remplis de béton. Ils sont parfois fixés à une poutre de bois avec des clous ou des tirefonds percés vers le haut à travers le collet supérieur.

Cacher les piliers. Si un pilier est au mauvais endroit par rapport à vos plans, révisez les plans au lieu d'enlever le pilier – ce qui peut être fait en dernier ressort. On peut cacher un ou plusieurs piliers en les enfermant dans un mur qui sépare deux pièces. Si le diamètre du pilier est très grand, le mur peut être constitué d'une charpente de 2 x 6 au lieu de 2 x 4. S'il n'est pas possible de cacher le pilier, déguisez-le. Du préfini, du contreplaqué ou une plaque de plâtre peut recouvrir un pilier de bois et ses bords peuvent être traités exactement comme des murs ordinaires. Ou encore, poncez le pilier de bois jusqu'à ce qu'il soit lisse, arrondissez ses bords ou chanfreinez-le à la toupie et peignez le tout.

Dissimuler les piliers. Il y a plusieurs façons de cacher un pilier de métal, comme le recouvrir de moquette. Il faut tout d'abord s'assurer que la moquette épousera le pilier parfaitement. Puis brosser ou vaporisez la colonne et la moquette de colle contact. Quand la colle devient adhésive, enroulez la moquette autour de la colonne. Une

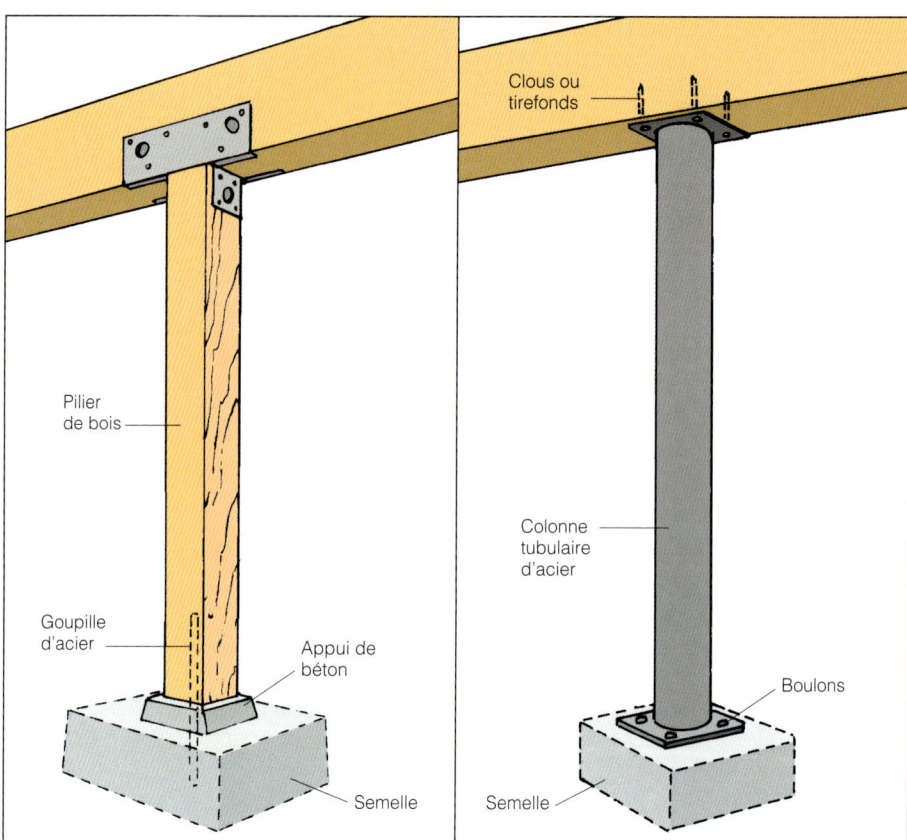

Piliers. Les piliers situés au sous-sol sont soutenus par une semelle (gauche). Une colonne tubulaire d'acier est un pilier dont le diamètre varie de 7,5 à 14 cm (3 à 5 1/2 po). Elle est parfois fixée à une poutre de bois par des clous ou des tirefonds enfoncés vers le haut à travers le collet (droite).

Dissimuler les piliers. Un pilier de bois ou de métal peut être dissimulé dans une cloison. Des piliers exceptionnellement gros requièrent un mur en ossature de 2 x 6.

autre option consiste à construire une unité d'étagères autour du pilier.

Charpente autour d'un pilier

L'une des meilleures façons de dissimuler un pilier ou une colonne tubulaire d'acier est de construire une charpente de bois tout autour. La charpente offre une base pour toutes sortes de matériaux de finition.

1 Planifier la charpente. Les dimensions extérieures du caisson importent peu en autant qu'il soit assez grand pour contenir le pilier. Minimisez tout de même les dimensions du caisson pour ne pas alourdir la pièce. Utilisez une équerre de charpente pour établir les dimensions intérieures des lisses.

2 Installer la charpente. Avec des pièces de 2 x 3 ou de 2 x 4 de bois de construction, assemblez deux murs opposés du caisson pour qu'ils s'insèrent exactement entre le plancher et la poutre. En utilisant comme guides les traits que vous avez faits, mettez les murs en place. Puis, avec un niveau, assurez-vous que les ossatures sont bien d'équerre. Clouez les lisses au plancher (avec des clous à béton au besoin) et sous les poutres du haut. Coupez des cales pour qu'elles s'insèrent entre les ossatures en haut et en bas. Clouez de biais les cales aux lisses. Si les ossatures des murs sont tordues, ajoutez des cales à mi-chemin pour les redresser.

Dissimuler les piliers. On peut cacher un pilier avec de la moquette (gauche) ou en construisant des étagères de bois tout autour (droite).

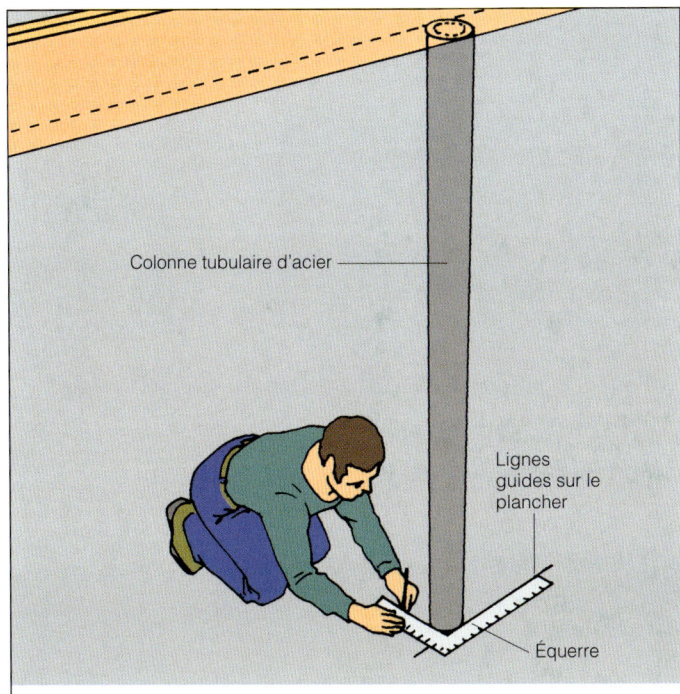

1 Avec une équerre, marquez l'emplacement des lisses. Alignez l'équerre de façon à ce que le dessin soit parfaitement perpendiculaire.

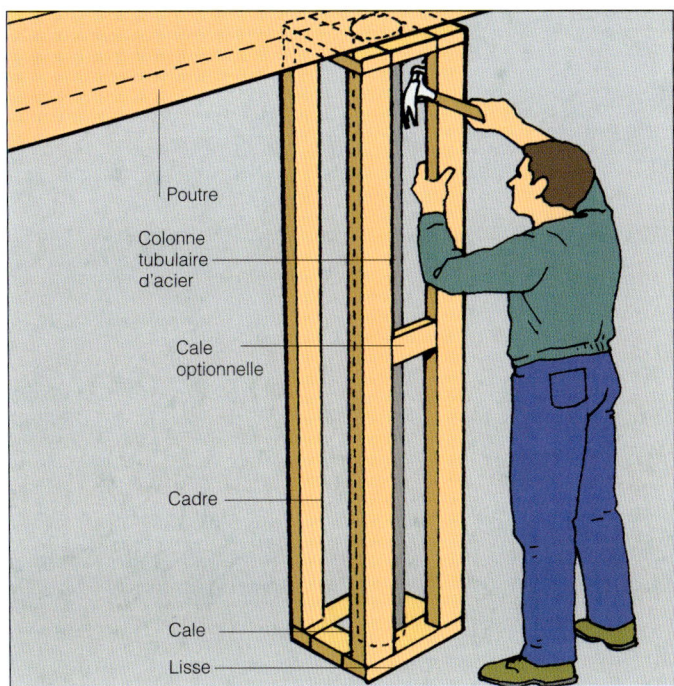

2 Assemblez les deux « murs » du cadre. Assurez-vous qu'ils sont bien d'aplomb. Fixez-les au plancher et aux poutres. Avec des cales ou des blocs, remplissez les espaces entre les murs.

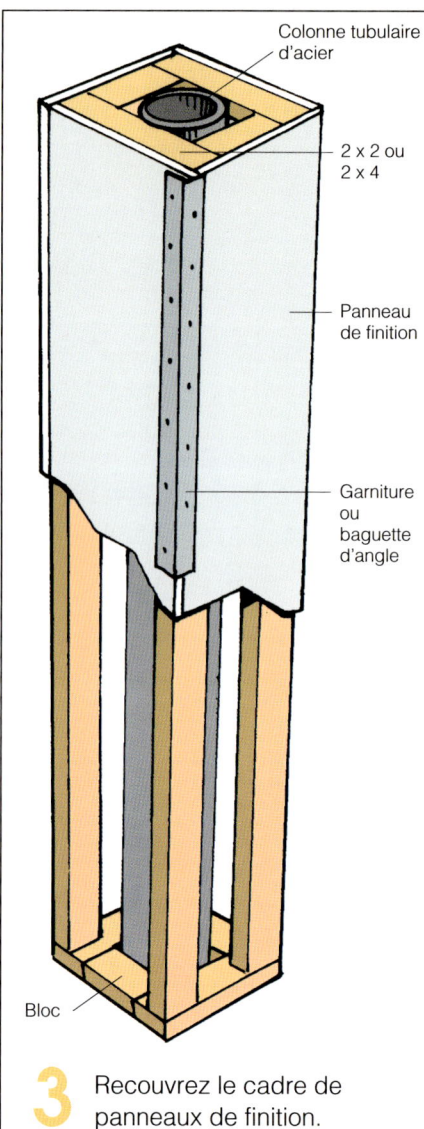

3 Recouvrez le cadre de panneaux de finition.

préalable sur le plancher. Utilisez du bois de pin ou de chêne de 19 mm (3/4 po) d'épaisseur pour construire le caisson. On peut teindre ou peindre le pin alors que le bois franc se prête bien à la teinture ou au vernis.

1 **Dessiner le caisson.** Avec une équerre, dessinez le périmètre intérieur du caisson. Le périmètre extérieur peut être dessiné à 19 mm (3/4 po) de distance de la première ligne, offrant ainsi des dimensions exactes des côtés du caisson.

2 **Découper les côtés.** Mesurez la distance entre le plancher et le plafond, et soustrayez 6 mm (1/4 po) de cette mesure pour donner un peu de dégagement pour l'ajustement. Découpez quatre morceaux de bois à la bonne longueur. Avec une scie circulaire, taillez chaque bord à onglet. Puis testez l'ajustement autour du pilier.

3 **Assembler et installer le caisson.** Appliquez un mince filet de colle à bois sur les bords et utilisez des clous de finition pour clouer les trois côtés. Glissez ces trois côtés autour du pilier et clouez le quatrième côté en place. Clouez de biais le caisson au plancher et à la poutre du haut.

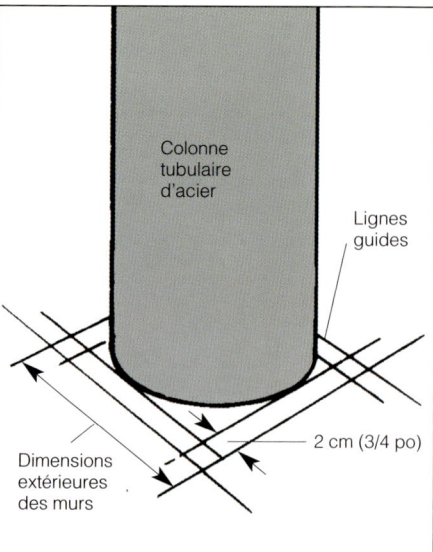

1 Avec une équerre, dessinez les traits de l'ensemble sur le plancher.

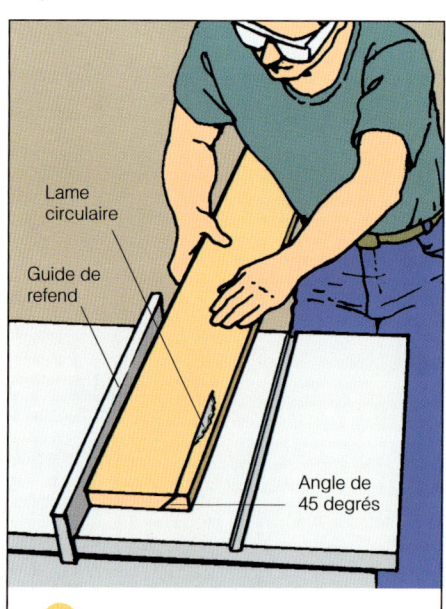

2 Avec une scie circulaire, coupez les côtés à onglet. Pour votre sécurité, utilisez un protège-lame (non montré sur le dessin).

3 Collez et clouez trois côtés, glissez l'ensemble sur le pilier et clouez le quatrième côté. Clouez de biais le caisson au plancher et au plafond.

3 **Appliquer la finition.** Une fois que le cadre est fixé, clouez ou vissez les panneaux de finition de la même façon que pour un mur normal. Taillez en onglet les bords des panneaux ou recouvrez-les d'une baguette d'angle. S'il s'agit d'une finition en plaques de plâtre, utilisez des baguettes d'angle ordinaires.

Emboîter un pilier

Une autre façon de dissimuler une colonne tubulaire d'acier consiste à construire un caisson pour l'enfermer. Cette méthode consomme moins d'espace que le cadre. (Voir page 65.) Dans le cas d'un plancher de béton, collez une bande de clouage au

blessures sur des angles vifs. Poncez bien le caisson, teintez-le et comblez les trous avec de la pâte à bois. Vous pouvez bien sûr le peindre aussi.

Types de poutres

Une poutre offre un soutien intermédiaire entre les solives de plancher. Comme les piliers, on ne peut facilement déplacer ou enlever les poutres. Par chance, elles ne menacent pas les plans d'aménagement autant que les piliers. Souvenez-vous toutefois que les codes du bâtiment exigent 2,1 m (84 po) de hauteur libre sous une poutre.

Dans les maisons plus récentes, des poutres d'acier ou de bois laminé sont utilisées pour des longueurs excédant 2,4 m (8 pi). Une poutre de bois solide est suffisante pour les longueurs moindres. Des poutres composées mixtes, faites de bois et de métal en sandwich, combinent la force de l'acier et la légèreté du bois.

Raccordements de poutres. Le raccordement entre un pilier et une poutre doit être rigide. Selon le type de pilier et le type de colonne, il y a plusieurs façons d'obtenir un raccord rigide. Un étrier ou un sabot de métal est parfois installé autour de la poutre. Ce type de sabot a des rabats qui sont cloués aux piliers de bois. Un autre type de sabot qui entoure la poutre est soudé à un pilier de métal. Deux poutres qui se rencontrent sur un pilier simple doivent être reliées l'une à l'autre et au pilier. Cela est fait avec un étrier en métal.

Si le panneau de finition ou de plâtre est fixé à la poutre, ces raccords seront gênants. Toutefois, n'enlevez jamais un

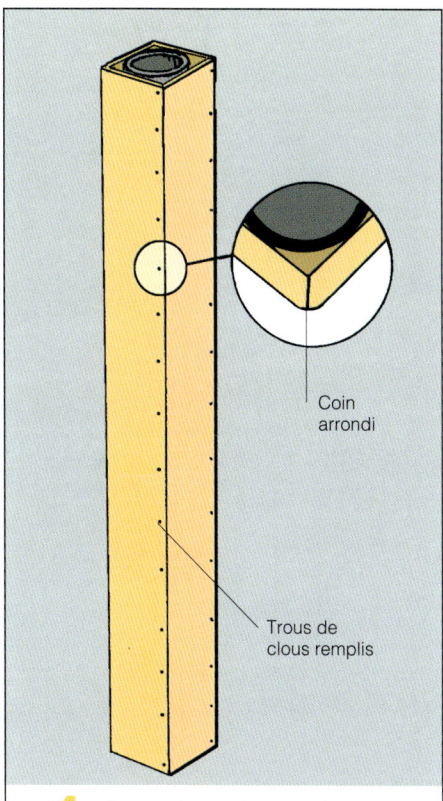

4 Arrondissez les angles un peu et remplissez les trous de clous avec de la pâte à bois. Peignez le caisson pour qu'il s'harmonise avec les murs ou teintez-le.

4 La finition du caisson. Avec du papier de verre ou une râpe, arrondissez les bords du caisson. Un pilier est souvent situé au centre d'une pièce et arrondir un peu le caisson minimise les dangers de

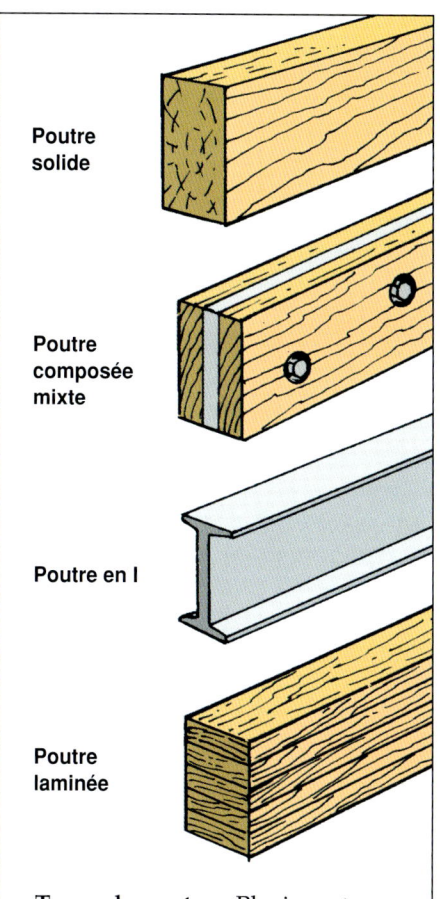

Types de poutres. Plusieurs types de poutres peuvent être utilisés pour soutenir les solives dans un sous-sol. Voici les plus courants.

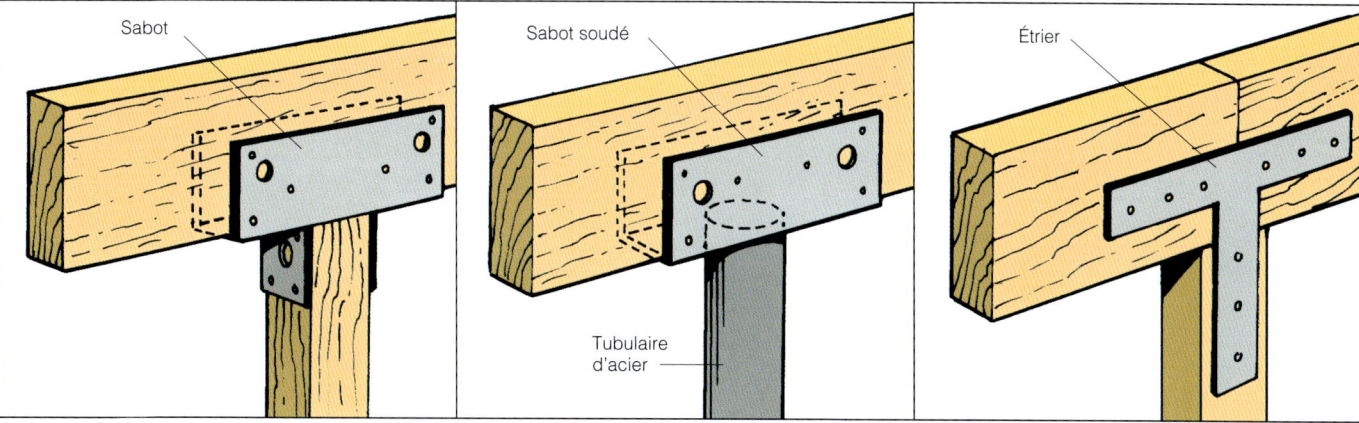

Raccords de poutres. Il y a plusieurs façons de fixer une poutre à un pilier. Bien que ces raccords gênent parfois l'installation de plaques de plâtre, ils ne doivent jamais être enlevés sans qu'on les remplace par un élément de force égale. Utilisez des vis, des clous ou des tirefonds pour finir le raccord.

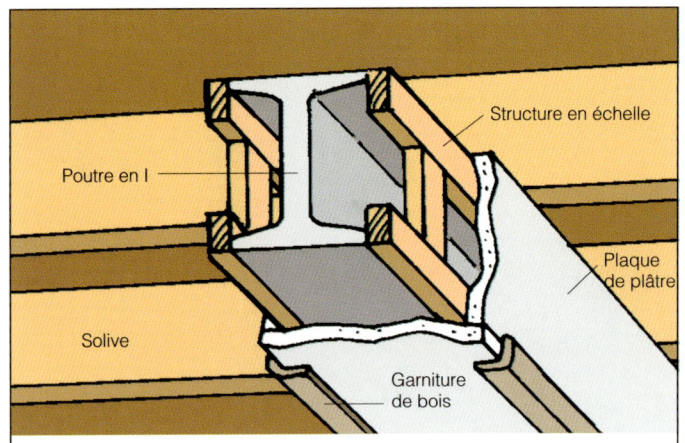

Utiliser la plaque de plâtre. Construisez des « échelles » pour soutenir les plaques de plâtre qui recouvrent une poutre en I de métal.

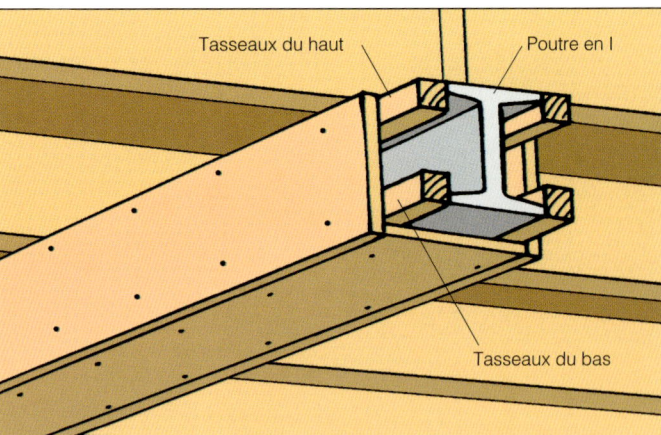

Utiliser du bois. De simples tasseaux sont utilisés pour supporter le bois autour d'une poutre en I de métal.

raccord sans le remplacer par un élément d'égale force.

Dissimuler une poutre

Dissimuler une poutre de bois est aussi facile que de dissimuler un pilier, ce qui n'est pas tout à fait le cas d'une poutre d'acier. (Essayez de percer une poutre d'acier...) Pour contourner ce problème, les panneaux de finition sont fixés à une charpente de bois clouée sous les solives de plafond.

Avec les plaques de plâtre. Tout d'abord, construisez deux « échelles » de bois en 1 x 3. Placez ces échelles contre la poutre et clouez-les de biais aux solives. Installez la finition sur trois côtés. Avant de finir les murs, recouvrez les joints avec une baguette d'angle pour plaque de plâtre ou de garniture de bois.

Avec du bois. Pour faciliter le recouvrement de la poutre, utilisez du panneau de contreplaqué ou de bois solide de 1 cm (3/8 po) ou plus. Fixez des tasseaux aux solives contre chaque côté de la poutre. Puis, avec de la colle et des clous de finition, fixez les tasseaux le long d'un bord intérieur des panneaux latéraux de bois. Clouez à travers les panneaux dans les tasseaux. Collez et clouez les panneaux latéraux aux tasseaux du haut. Puis collez et clouez le panneau du bas aux tasseaux du bas.

Dissimuler les conduits

Un grand conduit rectangulaire en feuille métallique relie souvent la chaudière aux points les plus éloignés du sous-sol. Des embranchements plus petits distribuent ensuite l'air dans chaque pièce de l'étage supérieur. Les conduits d'un système de climatisation peuvent avoir le même agencement. Si les conduits nuisent à la hauteur libre, il peut être possible de les déplacer, ce qui est à n'en pas douter un travail pour entrepreneur en chauffage ou climatisation. Il est souvent beaucoup plus facile et moins cher de laisser les conduits en place. Vous pourriez même les dissimuler derrière un plafond suspendu. Si cette alternative est impossible, vous pouvez toujours enfermer les conduits dans une charpente de bois et de panneaux.

Dissimuler les tuyaux de renvoi

Le tuyau de renvoi (le tuyau principal de drain d'une maison) éloigne l'eau sale et les déchets de la maison. Fait de plastique ou de fonte, c'est le plus gros

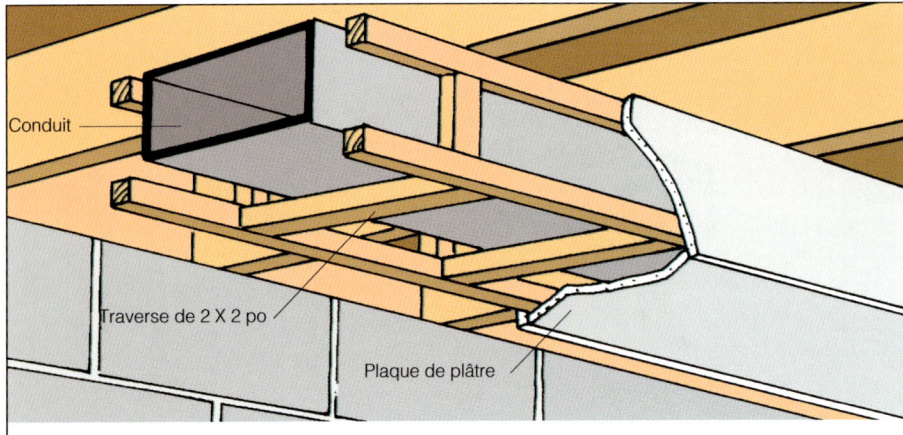

Dissimuler les conduits. Les conduits de chauffage et de climatisation sont dissimulés comme s'ils étaient des poutres. Des conduits qui longent les poutres sont dissimulés dans le même caisson.

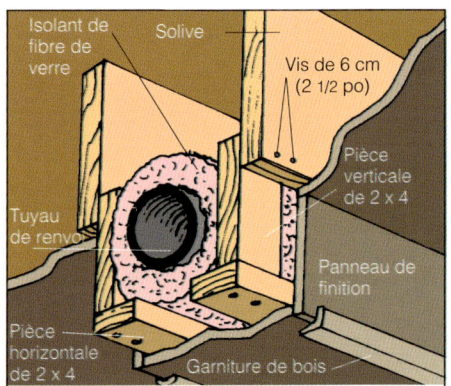

Dissimuler les tuyaux de renvoi. Un tuyau de renvoi peut être mis en caisson comme s'il s'agissait d'une poutre d'acier ou d'un conduit de chauffage.

tuyau du sous-sol. Si possible, encastrez ce tuyau dans un caisson. Enveloppez le tuyau dans un isolant quelconque avant de l'enfermer, spécialement s'il est en plastique. Cet isolant réduit le bruit causé par le flot de l'eau. N'oubliez pas de bien mesurer la pente du tuyau qui doit être d'au moins 20mm/m (1/4 po/pi) pour permettre un drainage convenable. Si le bouchon de vidange du tuyau de renvoi est recouvert, construisez-lui une porte d'accès.

Peindre les murs de béton

Bien que vous ferez tout pour que votre sous-sol ne ressemble plus à un sous-sol, vous déciderez peut-être de consacrer peu de temps au projet d'aménagement et de vous contenter de l'éclairer un peu. Si l'impact maximum et la facture minimum sont vos objectifs, investissez dans la peinture des murs. Les murs en béton coulé ou en blocs de béton peuvent être peints avec succès bien que la peinture ne puisse cacher les défauts. Des fissures, des lézardes ou des joints de mortier seront non seulement visibles, mais aussi mis en évidence par la peinture.

Pour que la peinture puisse adhérer convenablement au béton, elle doit être appliquée sur une surface sans poussière, saleté ou graisse. Dans un sous-sol, il est particulièrement important que les murs soient secs. Si le mur souffre de problèmes d'humidité et que vous laissez faire, la peinture s'écaillera. (Voir page 20.) Le soin investi dans le nettoyage, le grattage et la réparation des murs justifiera l'effort de peindre.

Types de peintures

Les peintures ordinaires au latex sont à base d'eau, faciles à nettoyer et de séchage rapide. Au lieu de l'eau, les peintures à l'huile utilisent des huiles naturelles ou synthétiques comme liant pour transporter les pigments. Elles sont plus lentes au séchage et requièrent des solvants pour diluer la peinture et nettoyer les outils. Elles requièrent beaucoup de ventilation pour dégager les vapeurs qu'elles produisent. Or, puisque les sous-sols

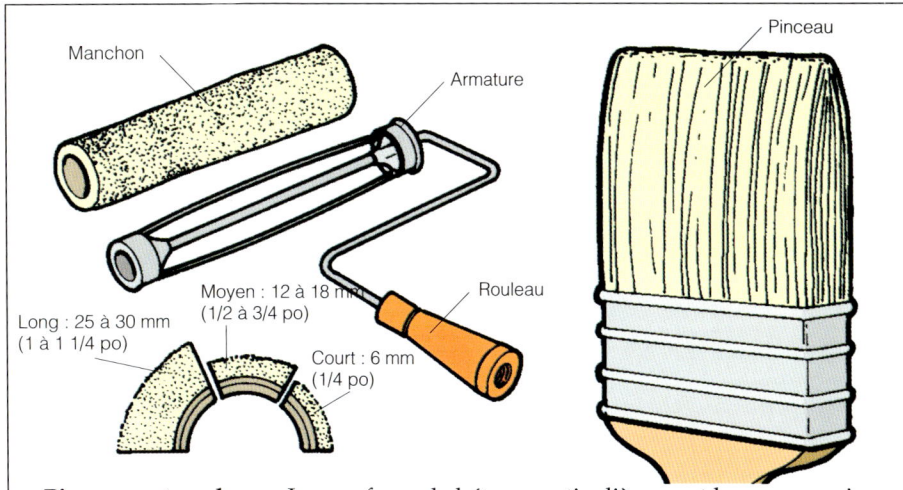

Pinceaux et rouleaux. Les surfaces de béton, particulièrement la maçonnerie, sont plutôt rugueuses. Pour peindre ces surfaces rapidement, utilisez un rouleau avec un manchon à long velours. Un pinceau est requis pour les coins et les bords.

sont difficiles à ventiler, mieux vaut utiliser des peintures au latex. Quoi qu'il en soit, ce qui importe, c'est que les surfaces de béton ou de maçonnerie soient nettoyées et apprêtées avant la peinture. (Plusieurs produits d'apprêt sont offerts.) L'hydrofuge à sous-sol n'est pas vraiment une peinture. Il s'agit d'un produit de recouvrement de murs de sous-sol, indiqué s'il y a des problèmes mineurs d'humidité. C'est un recouvrement prémélangé qui contient du caoutchouc synthétique et du ciment portland. (Certaines formules au latex produisent moins de vapeurs nocives.) Ce produit, offert dans plusieurs couleurs de base, peut être teint pour obtenir d'autres couleurs. Deux couches suffisent habituellement pour sceller la surface contre la pénétration mineure d'humidité, même si cette humidité vient de la pression hydrostatique. Pour bien sceller les pores du béton, les hydrofuges à béton sont appliqués au pinceau, non au rouleau. Il n'est pas nécessaire de peindre par-dessus l'hydrofuge teint, bien que cette couche puisse recevoir une peinture au latex. (Voir page 21.)

Pinceaux et rouleaux. Les murs de sous-sol peuvent être entièrement peints au pinceau mais un rouleau accomplit un meilleur travail. Un rouleau consiste en une armature et un manchon. Les manchons varient en épaisseur et en densité de velours. Un velours court, d'environ 6 mm (1/4 po), étend une couche mince qui convient à la surface lisse des fondations de béton coulé. Un velours plus long, d'environ un 2,5 cm (1 po), dépose une grande quantité de peinture et convient mieux aux murs poreux et irréguliers de fondations en blocs de béton. D'autres accessoires nécessaires sont le bac à peinture et un pinceau de 7,5 ou 10 cm (3 ou 4 po) pour peindre dans les coins ou autour des détails. Un pinceau à soies naturelles convient mieux aux peintures à base d'huile ; utilisez les pinceaux à soies synthétiques pour les peintures au latex. (L'eau dans les peintures au latex endommage les soies naturelles.)

Les plaques de plâtre

Les plaques de plâtre, parfois appelées panneaux de plâtre ou de gypse, sont une option populaire pour la finition des murs. Ces panneaux offerts partout sont relativement faciles à manipuler et ne coûtent pas cher.

Types de plaques de plâtre

La plaque de plâtre normale possède un endos de papier kraft de couleur gris foncé. Le bon côté est recouvert d'un papier en blanc cassé lisse qui reçoit bien la peinture. Les longs bords de chaque panneau sont légèrement biseautés pour recevoir le ruban de papier à plaque de plâtre et la pâte à joints. Les plaques de plâtre normales

Conseils pour clouer les plaques de plâtre

Pour installer des plaques de 12 mm (1/2 po) d'épaisseur, utilisez des clous de 3 cm (1 3/8 po) spécifiquement destinés à cet usage.

Espacez les clous de 18 cm (7 po) au plafond et de 20 cm (8 po) sur les murs. Ne clouez pas plus près que 10 mm (3/8 po) ou plus loin que 12 mm (1/2 po) du bord d'une plaque. Les plaques peuvent être placées horizontalement ou verticalement mais il doit y avoir une surface de clouage derrière chaque joint.

Marteau à plaque de plâtre. La tête de chaque clou est enfoncée légèrement sous la surface du plâtre. C'est ce qui s'appelle « emboutissage ». Cela permet à la tête de clou d'être noyée plus tard dans la pâte à joints. Un marteau ordinaire ne peut former une bonne dépression car il endommagera la surface du papier. Si le clou est trop enfoncé et endommage le papier, il ne tiendra pas très bien ; dans ce cas, enfoncez un autre clou tout près. Utilisez un marteau à plaque de plâtre spécial qui a une face concave. Plutôt qu'une panne, ce marteau a un bord plat qui peut servir à soulever une plaque dans les endroits étroits. Un outil similaire mais avec un bord tranchant est une hachette pour plaque de plâtre.

sont offertes en plusieurs épaisseurs, dont 12 mm (1/2 po) qui convient à la plupart des sous-sols. D'autres types de plaques de plâtre ont des applications spéciales.

Évaluez le total des plaques

Calculez la surface totale du plafond et des murs en mètres (pieds) carrés et additionnez ces chiffres pour obtenir le total requis de plaques pour la pièce.

Clous versus vis

Les clous suffisent pour de petits travaux de plâtre ou des réparations. Utilisez des clous à tige annelée de 35 mm (1 3/8 po) pour des plaques de 12 mm (1/2 po) et des clous de 38 mm (1 1/2 po) pour le matériel de 16 mm (5/8 po). Pour de plus gros travaux comme pour une pièce entière, considérez l'usage de vis à plaque de plâtre d'au moins 2 cm (3/4 po) de plus que l'épaisseur de la plaque.

Tournevis à plaque de plâtre. Une perceuse électrique à vitesse variable et une pointe cruciforme ou une visseuse (une perceuse électrique avec un mandrin spécial) servira à enfoncer des vis à plaque de plâtre. On peut louer cette dernière d'un magasin de location d'outils. Ces visseuses ont un embrayage qui enfonce la vis juste sous la surface de la plaque sans briser le papier de surface. Les petites dépressions sont ensuite faciles à remplir avec de la pâte à joints.

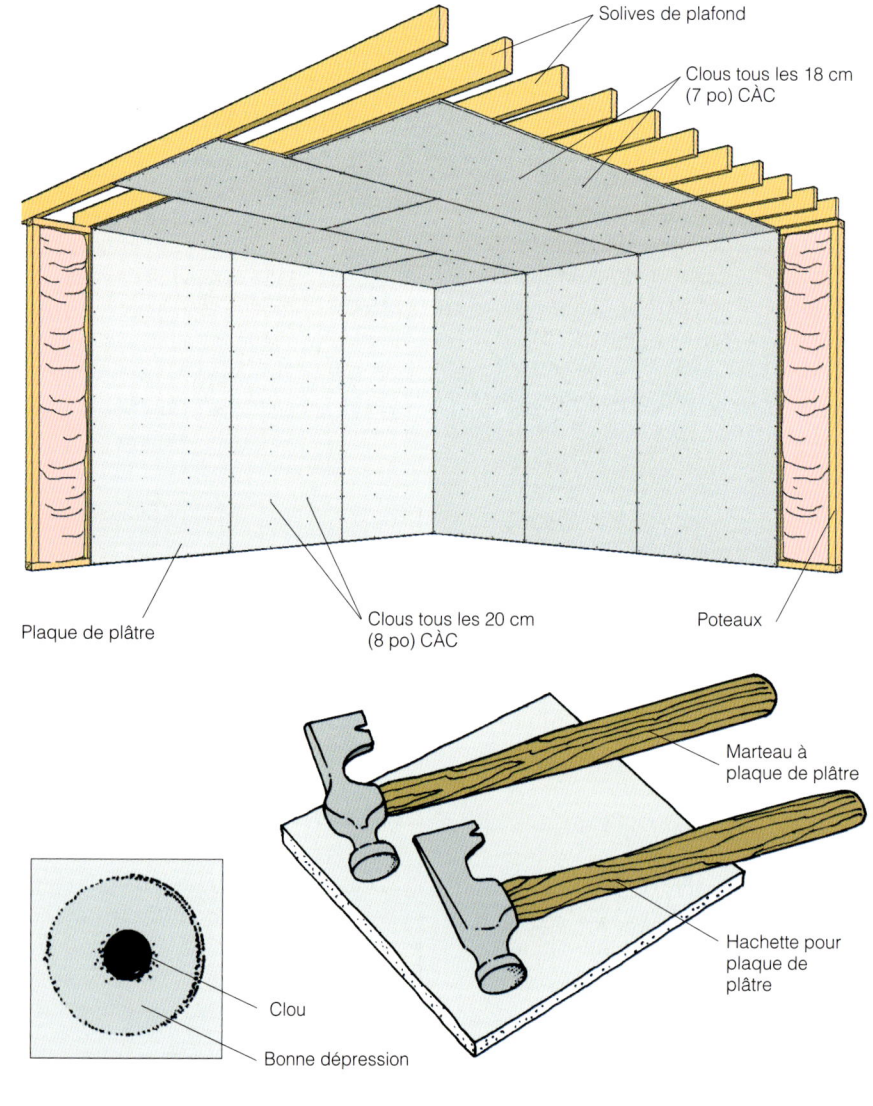

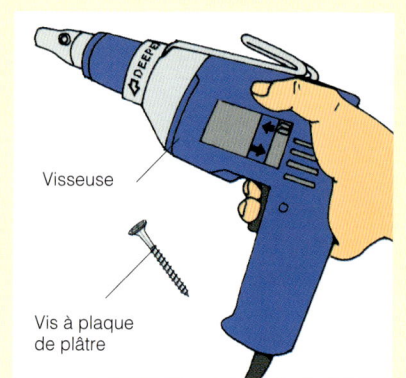

Ajoutez environ 10 % à cela (pour la perte) et divisez par 32 (le nombre de pieds carrés dans une feuille de 4 x 8). Le résultat est le nombre approximatif de panneaux de 4 x 8 requis pour le projet. Si la pièce comporte des surfaces compliquées ou irrégulières, une estimation plus précise devra être faite. Dessinez chaque surface à l'échelle puis déterminez la disposition la plus efficace des panneaux.

Installer les plaques de plâtre

1 Découper les plaques. Planifiez votre découpage de façon à ce que les joints sur les murs et les plafonds soient décalés ; l'apparence en sera rehaussée par rapport à des joints continus et l'ensemble sera d'ailleurs plus solide. Placez une plaque sur une surface de travail plane et, avec un couteau à lame rétractable guidé par une règle de précision, entaillez le papier de face. Faites ensuite glisser la plaque pour que l'entaille déborde à peine de la surface de travail et cassez la plaque le long de la ligne. Puis coupez le papier du fond et détachez la pièce. Lorsque vous utilisez un couteau à lame rétractable, prenez garde à vos doigts.

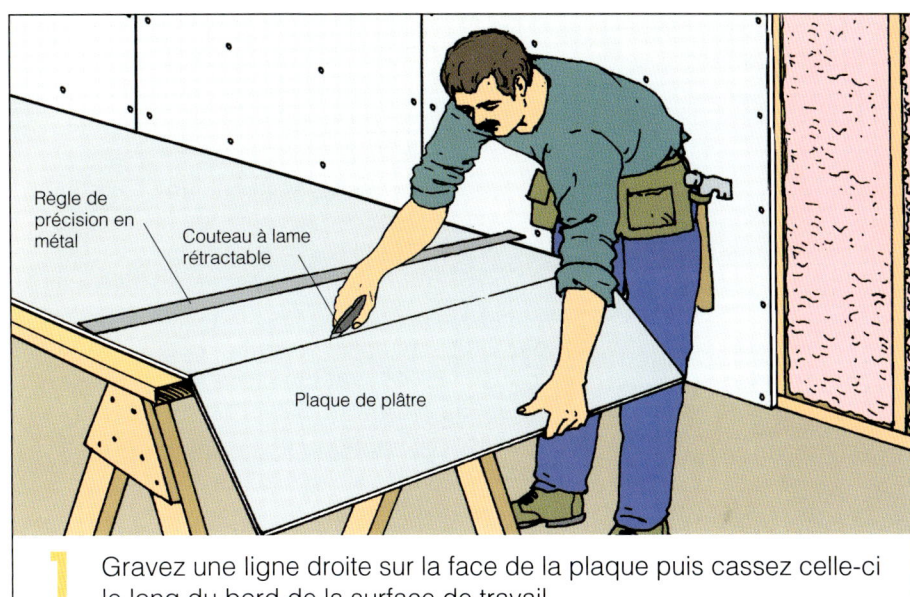

1 Gravez une ligne droite sur la face de la plaque puis cassez celle-ci le long du bord de la surface de travail.

2 Installer les plaques de plâtre au plafond. Une plaque de 4 x 8 est lourde et difficile à manier. Vous aurez besoin d'aide. Découpez la plaque si nécessaire, élevez-la en place et retenez-la fermement contre les solives. Pour retenir la plaque en place, enfoncez plusieurs clous au centre. Avec un assistant ou deux pour soutenir la plaque, tracez à la craie la position des solives et finissez le clouage. (Un simple appui en T peut aussi être employé pour supporter la plaque temporairement. Vous pouvez aussi louer un lève-plaques.)

3 Installer le plaque de plâtre sur les murs. Installez les plaques verticalement de façon à ce que les bords biseautés de chacune soient alignés sur un poteau (ou sur un tasseau de bois). Si la plaque doit être soulevée un peu pour être ajustée, utilisez des bouts de bois pour fabriquer un lève-plaques. Le bord supérieur de la plaque est abouté contre la plaque de plafond en place. Si le plancher de béton

2 Pressez contre les solives du plafond puis clouez du centre vers les bords de la plaque.

3 Utilisez un lève-plaques pour vous aider à soulever la plaque. Une autre méthode consiste à faire reposer la plaque sur un petit morceau de bois.

4 Marquez l'emplacement des obstacles sur la plaque : mettez du rouge à lèvres sur la boîte électrique, puis pressez la plaque contre la boîte pour imprimer la marque sur la plaque.

reste exposé, relevez la plaque de 1 cm (1/2 po) avant de le clouer. Ceci empêchera la plaque d'absorber l'humidité du béton.

4 **Marquer les entailles.** Découpez des trous dans la plaque de plâtre pour les boîtes électriques. Mesurez l'emplacement de chaque boîte et reportez cette mesure sur la plaque. Ou encore, marquez les bords extérieurs de chaque boîte avec du rouge à lèvres puis coupez une plaque de plâtre aux bonnes dimensions et poussez-la fermement en position. L'impression du rouge à lèvres laissée sur la plaque indiquera l'endroit à entailler. Utilisez une scie à plaque de plâtre pour découper le trou.

La finition des plaques de plâtre

Une fois que les plaques de plâtre sont en place, vous devrez dissimuler les joints et remplir les dépressions de clous (et les imperfections comme des trous accidentels) dans un processus multiétapes appelé tirage de joints. Parce que même la plus petite bosse ou ride paraîtra à travers la peinture et le papier peint, ce travail de finition doit être réalisé minutieusement.

Outils et matériaux

La pâte à joints est l'ingrédient principal pour la finition des plaques de plâtre. Plusieurs couches de pâte à joints sont appliquées sur les joints et les imperfections, et chaque couche est poncée et polie après séchage. Bien que la pâte à joints soit offerte en plusieurs formules, c'est la formule « tout usage » qui convient le mieux. Du ruban de papier pas cher offert en rouleau est noyé dans la pâte des joints pour les renforcer. Il prévient les fissures dans ces endroits. Un papier de verre n° 100 est utilisé pour poncer la pâte séchée. Le papier au carbure de silicium s'use moins vite que les types de papier ordinaire. Mieux encore, procurez-vous une ponceuse à manche : elle durera longtemps et ne se gorgera pas de poussière.

Plusieurs couteaux à enduire de diverses dimensions sont utilisés pour étendre la pâte et pour lisser les joints humides. Chaque couteau a une lame mince en acier à ressorts ; bien que sa taille soit une question de préférence personnelle, un couteau de 10 à 15 cm (4 à 6 po) convient à la première couche et pour remplir les cavités des clous. Pour lisser les joints, c'est un couteau de 25 à 35 cm (10 à 14) pouces qui convient.

1 **Remplir les joints plats.** Utilisez le couteau le plus petit pour appliquer la pâte à un joint. Forcez assez de pâte dans le joint biseauté pour le niveler. Dans le cas d'un joint abouté (là où les bords non biseautés se joignent), remplissez la fente en créant une petite bosse que vous aplanirez plus tard.

2 **Noyer le ruban de papier.** Coupez un bout de ruban à plaque de plâtre et centrez-le sur le joint ; puis noyez le ruban dans la pâte et lissez-le avec le couteau de 10 cm (4 po). Étendez une couche de pâte d'environ 3 mm (1/8 po) d'épaisseur sur le ruban en gardant le couteau à un angle de 45 degrés. Puis repassez sur le joint encore pour enlever le surplus de pâte.

3 **Finir les coins intérieurs.** Commencez en étendant une couche de 5 à 8 cm (2 ou 3 po) de pâte sur les deux côtés intérieurs du coin. Pliez un ruban de papier sur son centre et appliquez-le au joint. (Le ruban est préplié pour cet usage.)

1 Avec le plus petit couteau, appliquez la pâte au joint. Elle remplira la surface biseautée entre les deux plaques.

2 Coupez le ruban à joint à la hauteur du joint ; centrez-le sur le joint et avec le plus petit couteau, lissez-le en place.

3 Il est facile de finir les coins intérieurs avec l'outil spécial à coins.

4 Le couteau glisse le long des bords de la baguette d'angle en étendant la pâte.

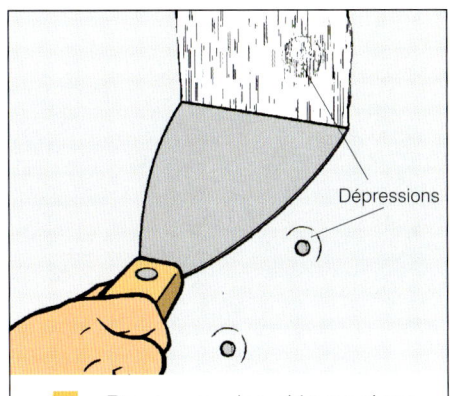

5 Recouvrez les dépressions et autres imperfections. Selon leur profondeur, vous pourriez avoir à étendre deux couches pour les combler.

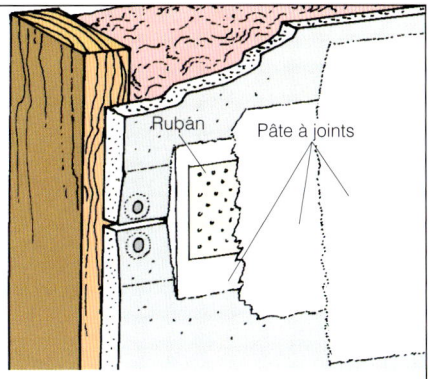

6 Les joints sont recouverts de trois couches de pâte étendues sur des surfaces de plus en plus grandes. La couche de surface requiert un léger ponçage.

7 Quand la pâte est complètement sèche, poncez tous les joints et les dépressions.

Enlevez la pâte de trop. (Voir étape 2.) Un couteau d'angle (appelé un matoir de joints intérieurs) facilite cette tâche.

4 Finir les coins extérieurs. Pour les coins extérieurs, utilisez des cisailles aviation pour couper un bout de baguette d'angle métallique à la hauteur du mur. Coupez les bouts légèrement en angle pour un meilleur ajustement. Utilisez des clous à plaque de plâtre pour clouer la baguette au mur. Les clous doivent être enfoncés sous le niveau du bord de la baguette. Pour vous assurer qu'ils le sont, passez un couteau sec sur la baguette avant d'appliquer la pâte. La lame du couteau butera sur les clous trop hauts. Après que tous les clous sont enfoncés, utilisez le bord de la languette pour guider le couteau à mesure qu'il remplit la baguette d'angle avec de la pâte à joints.

5 Remplir les dépressions produites par les clous.
Utilisez le plus petit couteau pour combler avec de la pâte les dépressions produites par les clous. Aucun ruban n'est requis.

6 Appliquer les couches de finition. Après le séchage de la première couche, inspectez les joints et lissez les rides qui peuvent gâcher l'aspect lisse des joints subséquents : utilisez le couteau de 10 cm (4 po) pour gratter les rides ou poncez-les légèrement. (Avec l'expérience, la première couche sera assez lisse pour que cette étape soit sautée.) Avec le couteau de 25 cm (10 po), appliquez une deuxième couche mince de pâte aux joints. Utilisez le petit couteau pour détecter les dépressions. Après le séchage de la deuxième couche, utilisez le couteau de 35 cm (14 po) pour étendre la troisième et dernière couche. Ne retouchez les dépressions que si elles ne sont pas complètement remplies.

7 Poncer la pâte. Après 24 heures ou quand la pâte est complètement sèche, poncez tous les joints et dépressions jusqu'à ce qu'ils soient bien lisses. Projetez la lumière d'un spot brillant sur le mur pour bien détecter des rides ou des dépressions mal lissées. (Sous la lumière, les imperfections apparaîtront.) Pliez une feuille de papier de verre en quatre et poncez la pâte légèrement. Attention de ne pas poncer à travers le papier de la plaque de plâtre. Utilisez une ponceuse à manche pour vous simplifier la vie. Cet outil a un coussin avec des attaches pour maintenir le papier. Le coussin est monté sur un pivot au bout d'une perche, ce qui est pratique pour atteindre les plafonds. La poussière de ponçage étant très fine, il convient de porter un respirateur à filtre ainsi que des lunettes. Balayez et passez l'aspirateur partout avant de peindre ou de recouvrir les murs de papier peint.

Les plafonds suspendus

Le genre de plafond à installer dans une nouvelle pièce du sous-sol n'est pas qu'une question d'apparence. Ce qui compte vraiment, c'est la hauteur libre, le nombre de conduits, de tuyaux et de câbles traversant le dessous des solives. Il arrive souvent que la meilleure façon de contourner ces problèmes soit d'installer un plafond suspendu (sauf s'il n'y a pas assez de hauteur libre).

Un plafond suspendu est un réseau de profilés de métal structurés en quadrillés suspendus sous les solives par des fils métalliques. Les profilés de métal supportent des panneaux acoustiques légers qui forment la surface finie du plafond. Ce qui est bien avec ce système, c'est qu'il cache les obstacles sous les solives mais permet aussi un accès facile aux tuyaux ou au câblage si des problèmes futurs se posent. Un autre avantage de ce système consiste dans le fait que le plafond est de niveau à mesure qu'on l'installe, même si les solives existantes ne sont pas droites ou de niveau. Un système de plafond suspendu simplifie aussi l'installation des plafonniers : enlevez simplement un carreau insonorisant et remplacez-le par un luminaire au fluorescent.

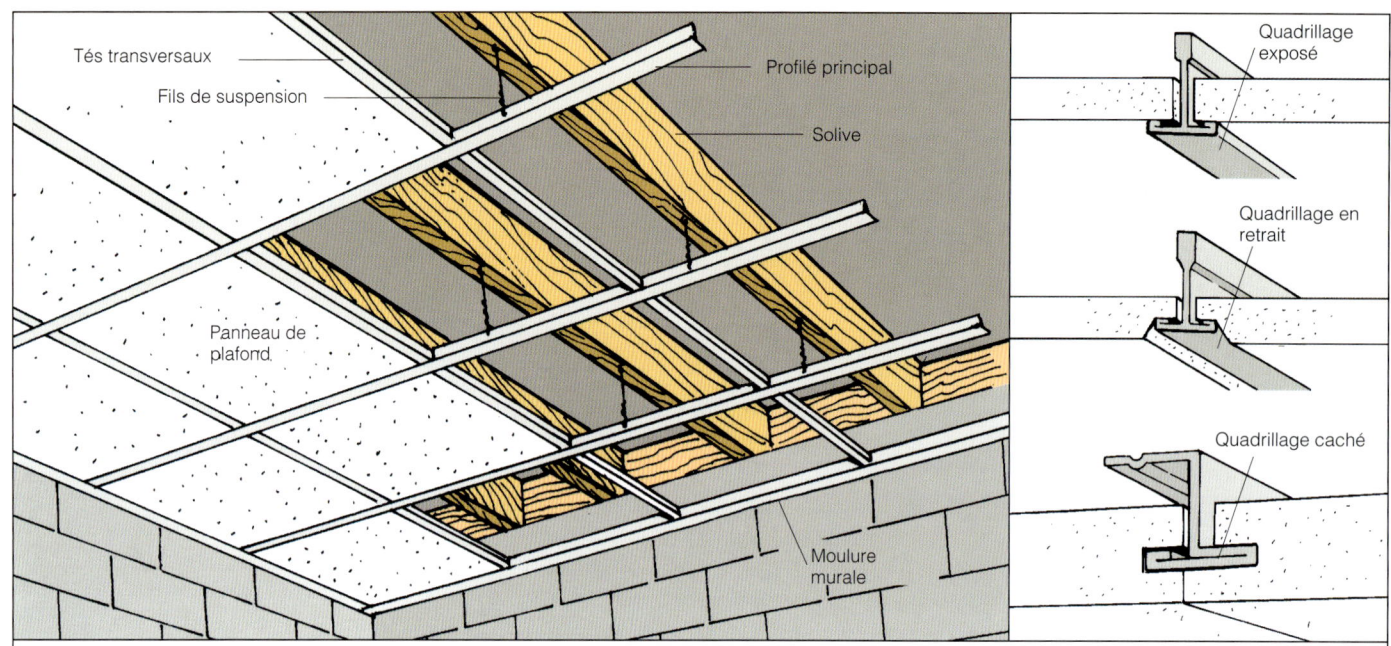

Types de profilés. Les plafonds suspendus sont composés des pièces montrées ici. Les profilés forment le support primaire du système. L'apparence du plafond dépend du type de profilé utilisé.

Conseils pour l'usage de cisailles

- Portez des gants de travail quand vous utilisez des cisailles. Les bords coupés de métal sont très tranchants.
- Pour améliorer votre contrôle sur la taille, coupez près de la gorge de l'outil plutôt qu'avec les bouts.
- N'inclinez pas les cisailles lorsque vous taillez. Ce faisant, vous tordez les bords du métal et obtenez des bords grossiers.
- Ne refermez pas les cisailles complètement au bout d'une taille. Ce faisant, vous pliez le métal. Prenez plutôt une bonne « bouchée » du métal et arrêtez avant d'atteindre le bout des pinces. Prenez une autre « bouchée » pour finir l'entaille.

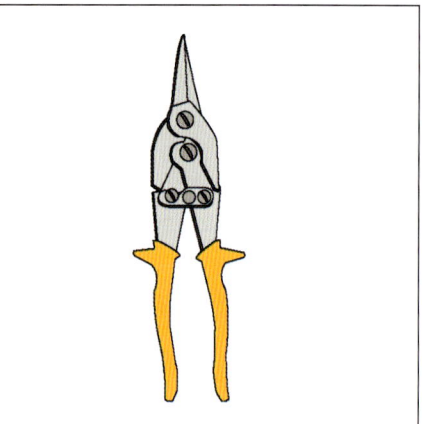

Cisailles aviation. La force de levier offerte par ce type de cisailles facilite la coupe de profilés de plafond en métal.

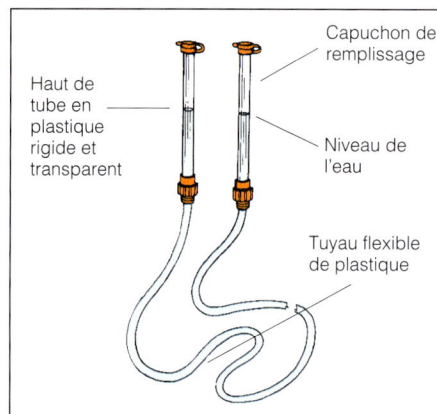

Niveau à eau. Cet outil sert à trouver des points dans la pièce qui sont exactement au même niveau.

Parties d'un plafond suspendu

Il y a cinq éléments de base dans un plafond suspendu. Les profilés principaux sont les supports primaires et sont installés en rangées parallèles le long de la pièce. Ces profilés sont offerts dans une variété de finis et de formes. Les tés transversaux sont des supports plus légers qui s'installent à angle droit des profilés principaux. Les fils de suspension sont des fils métalliques légers de calibre 18. Un bout du fil est accroché aux profilés principaux alors que l'autre bout est attaché aux solives. Les panneaux acoustiques de plafond s'insèrent ensuite dans le quadrillage formé par les profilés. Ils peuvent être carrés ou rectangulaires, et sont offerts dans une variété de tailles et de motifs. Une moulure murale est un profilé de métal qui est fixé aux murs. Elle supporte les panneaux de plafond autour du périmètre de la pièce.

Types de profilés. Il y a trois types de profilés, chacun conférant au plafond un style différent. Les profilés peuvent être complètement exposés sous les panneaux, ils peuvent être en retrait dans des lèvres sur le bord des panneaux ou ils peuvent être cachés dans des rainures dans le bord des panneaux.

Outils

Plusieurs outils requis pour ce projet sont des outils de base : un marteau, un cordeau traceur, une équerre combinée, des niveaux, une scie à métal, un fil à plomb et un couteau à lame rétractable. Voici ensuite des outils spéciaux requis pour ce travail :

Cisailles aviation. Cet outil coupe facilement les métaux légers utilisés pour supporter les plafonds acoustiques. Les cisailles sont conçues pour offrir une force de levier maximum sur la pièce à découper. Elles ont un ressort qui les ouvre après la coupe. Les cisailles sont offertes en modèles pour droitier, pour gaucher ou pour une coupe droite.

Niveau à eau. Le concept derrière cet outil est simple : l'eau cherche toujours son propre niveau. Donc, l'eau contenue dans un tuyau de plastique transparent peut être utilisée pour trouver des points dans la pièce qui sont exactement au même niveau. Bien que les pros des plafonds suspendus utilisent un niveau au laser, un simple niveau à eau est moins cher et se trouve facilement dans les quincailleries et les maisonneries.

Installer un plafond suspendu

1 Planifier le travail. Les panneaux sont offerts en 61 x 61 cm (2 x 2 pi) ou 61 x 122 cm (2 X 4 pi). Ces derniers sont mieux adaptés à l'installation de luminaires au fluorescent car ils respectent les longueurs standard de lampes fluorescentes. Les panneaux plus petits exigent plus de tés transversaux, ce qui alourdit le travail. Les moulures murales et les profilés principaux sont offerts en différentes longueurs jusqu'à 3,6 m (12 pi) et peuvent être aboutés pour couvrir de plus grandes distances. Les tés transversaux font 60 cm (24 po). Pour vous aider à évaluer la quantité de matériaux requis pour ce projet, dessinez un plan.

2 Établir les repères. La clé du succès de ce projet réside dans la qualité du niveau du plafond. Les surfaces existantes de plancher et de plafond ne sont peut-être pas de niveau et c'est pourquoi elles ne peuvent servir de repères pour le plafond suspendu. Il faut plutôt établir des points de référence sur les murs dans chaque coin. (Utilisez le niveau à eau pour vous assurer que chaque repère est bien établi.) Les points de référence peuvent se trouver à n'importe quelle hauteur mais 1,5 m (5 pi) convient le mieux. Toutes les mesures futures seront basées sur eux.

3 Déterminer la hauteur du plafond. Une hauteur standard de plafond est de 2,3 m (90 po) ; c'est aussi la hauteur minimum pour l'éclairage dans un plafond suspendu. Le plafond ne peut être plus près que 8 cm (3 po) des saillies. Suspendez-le complètement

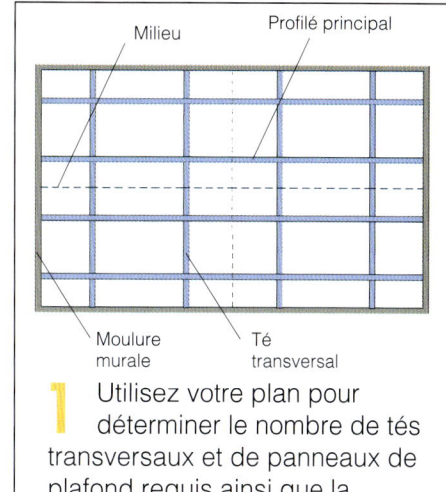

1 Utilisez votre plan pour déterminer le nombre de tés transversaux et de panneaux de plafond requis ainsi que la longueur totale linéaire des profilés principaux.

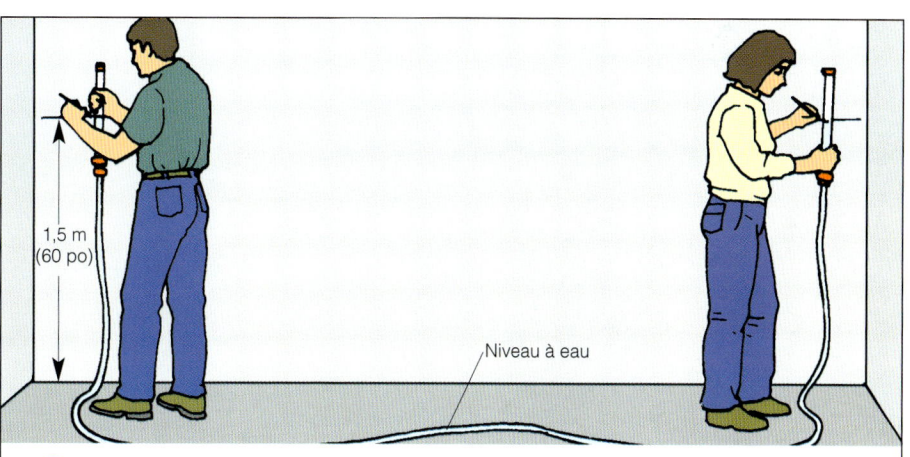

2 Avec un niveau à eau, établissez vos points de référence dans chaque coin de la pièce.

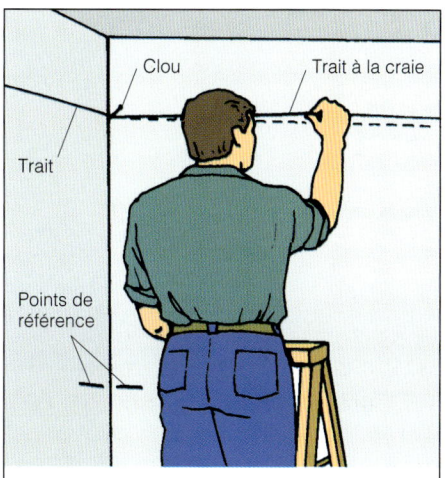

3 Mesurez vers le haut à partir des points de référence pour établir la hauteur du plafond ; puis, tracez un trait à la craie entre les marques.

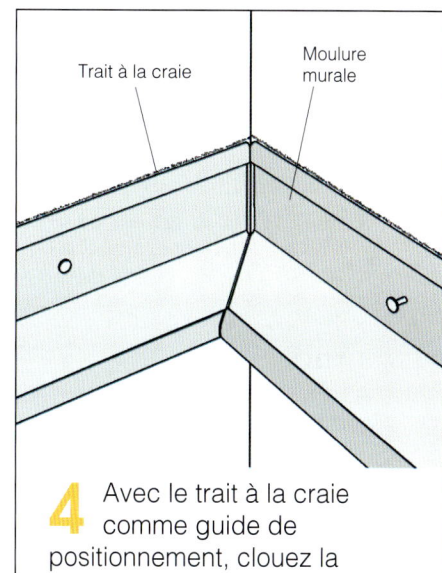

4 Avec le trait à la craie comme guide de positionnement, clouez la moulure murale en place.

sous les saillies ou utilisez des plaques de plâtre ou des panneaux de bois pour enfermer de telles saillies. (Voir page 68.) Une fois que la hauteur du plafond a été choisie, mesurez vers le haut à partir des points de référence pour localiser la position de la moulure murale. Dessinez un trait au cordeau sur les murs autour du périmètre de la pièce. Il vaut mieux dessiner ce trait là où le bord supérieur de la moulure sera fixé ; les traits de craie ne seront pas visibles une fois les moulures du plafond en place.

4 **Installer la moulure murale.** Clouez la moulure aux murs en vous assurant que chaque clou est enfoncé dans un poteau. Utilisez les cisailles aviation pour assembler en onglet la moulure dans les coins intérieurs et extérieurs. Lorsque vous coupez une moulure murale, souvenez-vous de tenir compte de l'épaisseur de la moulure sur le mur adjacent. Aboutez des bouts de moulure murale là où ils se rencontrent au milieu d'un mur.

5 **Établir les lignes médianes.** Mesurez la longueur et la largeur de la pièce et divisez ces mesures par deux pour obtenir le milieu de chaque mur. Puis reliez les points des murs opposés avec des fils bien tendus à partir de la moulure murale. Inspectez l'intersection des deux fils pour voir s'ils sont bien perpendiculaires. Sinon, ajustez l'un ou l'autre légèrement jusqu'à ce qu'ils le soient. Il est plus facile d'ajuster ces fils quand ils sont cloués plutôt que simplement coincés sous la moulure murale.

6 **Ajuster la disposition.** Planifiez la disposition de panneaux de plafond pour minimiser le nombre de petites pièces sur le périmètre du plafond – ce sera plus joli. Si les panneaux de bordure sont plus étroits qu'un panneau normal, essayez d'ajuster la disposition pour éliminer cela.

7 **Installer les fils guides.** Prévoyez d'installer le premier profilé principal dans une position à peu près parallèle au mur et à une distance du mur qui est égale à la largeur des unités de bordure. Prenez les mesures à partir de la ligne médiane plutôt que du mur lui-même. (Le mur pourrait ne pas être d'équerre.) Tendez un fil guide entre les moulures murales à ces points.

5 Utilisez une équerre pour vérifier l'angle formé par les fils de disposition. Ajustez les fils pour qu'ils soient bien à 90 degrés.

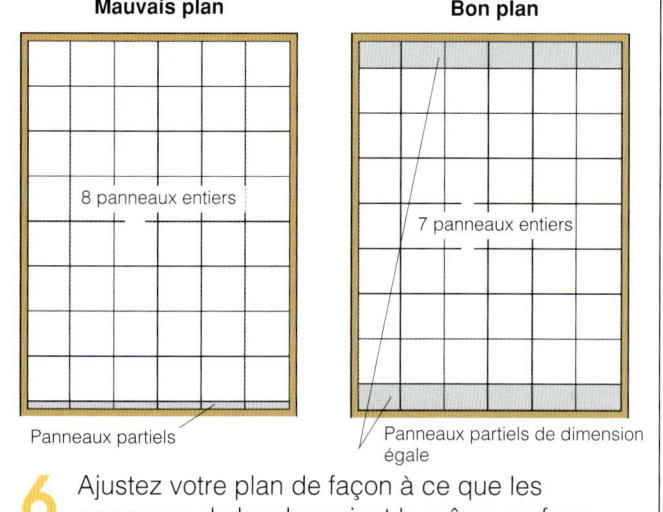

6 Ajustez votre plan de façon à ce que les panneaux de bordure aient la même surface.

7 Tendez un fil guide entre les moulures murales opposées ; ce fil agit comme ligne visuelle pour évaluer la hauteur du premier profilé principal.

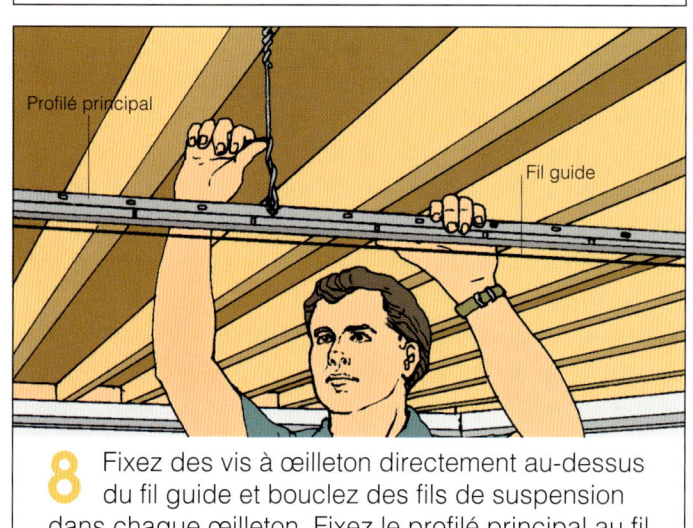

8 Fixez des vis à œilleton directement au-dessus du fil guide et bouclez des fils de suspension dans chaque œilleton. Fixez le profilé principal au fil.

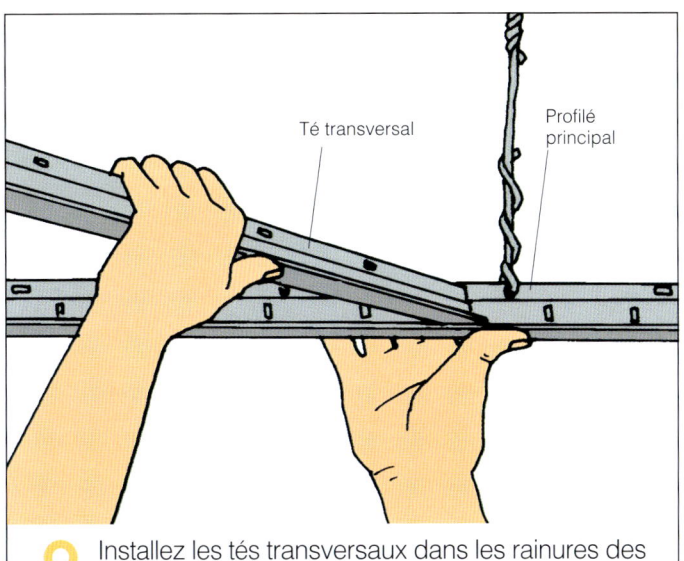

9 Installez les tés transversaux dans les rainures des profilés principaux. Maintenez le bon espacement dicté par la dimension des panneaux utilisés.

10 Installez et câblez les panneaux de luminaire. Puis inclinez les panneaux de plafond à travers le quadrillage et mettez-les en place.

8 **Attacher les fils de suspension.** Commencez avec les solives à chaque bout du plafond. Installez une vis à œilleton (ou une attache offerte par le manufacturier du plafond) toutes les quatre solives directement au-dessus de la corde guide. Torsadez un bout de fil de suspension dans chaque œilleton pour le faire pendre d'environ 15 cm (6 po) sous le fil guide. Coupez un profilé principal à la bonne longueur et faites-le pendre des fils pour qu'il soit juste au-dessus du fil. Torsadez les fils pour fixer le profilé en place.

9 **Installer les tés transversaux.** Faites glisser le premier té transversal entre le profilé principal et la moulure murale. (Il s'engage dans les trous préforés du profilé principal.) Installez le profilé principal suivant en utilisant les tés transversaux pour évaluer l'espacement. Continuez de travailler ainsi à travers la pièce jusqu'à ce que tous les tés transversaux soient installés.

10 **Placer les panneaux de plafond.** Soulevez chaque panneau et inclinez-le un peu pour l'insérer dans l'ouverture du quadrillage. Utilisez un couteau à lame rétractable et une règle de précision pour couper les panneaux sur le périmètre au besoin. Lorsque vous manipulez les panneaux, portez des gants propres et légers pour ne pas tacher ces surfaces vulnérables.

Contourner les obstructions

1 **Suspendre des tés transversaux sous des obstructions.** Si un tuyau ou un conduit se trouve sous

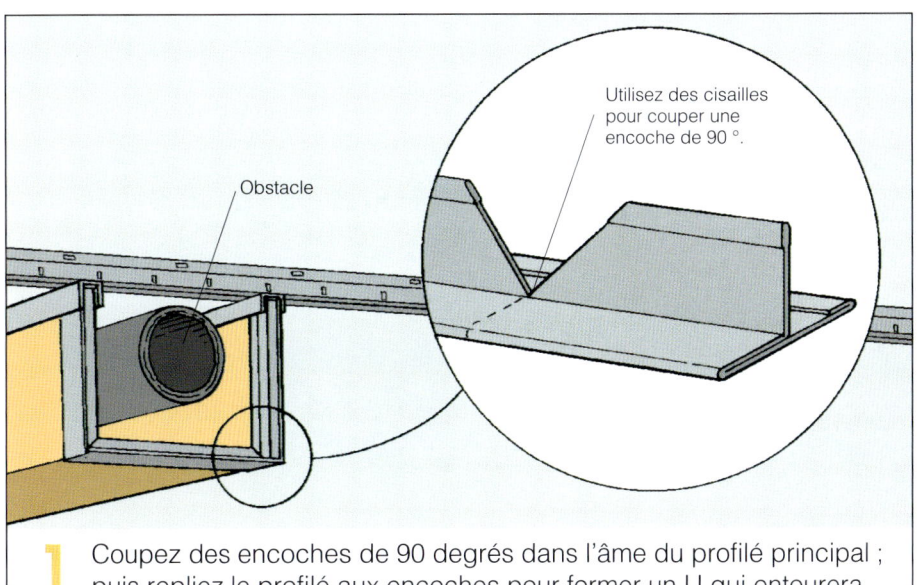

1 Coupez des encoches de 90 degrés dans l'âme du profilé principal ; puis repliez le profilé aux encoches pour former un U qui entourera l'obstruction.

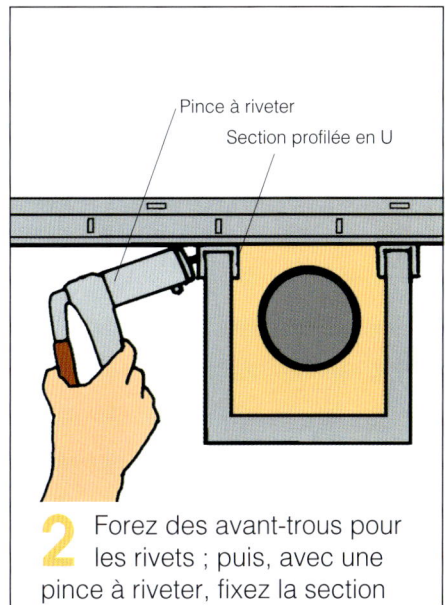

2 Forez des avant-trous pour les rivets ; puis, avec une pince à riveter, fixez la section profilée en U au profilé principal.

le niveau du plafond, il peut être enfermé avec des pièces spéciales du système de quadrillage. Des moulures en U et une moulure murale additionnelle sont requises pour ce travail. Indiquez la boîte dans vos plans originaux, mais laissez un vide au moment de construire le plafond. Avec les cisailles aviation, coupez des encoches de 90 degrés le long du profilé principal, puis pliez les tés à ces points pour former les bords de la boîte.

2 Fixer les sections profilées en U. Fixez les sections profilées en U au quadrillage de plafond le long de l'obstruction. Puis, avec des rivets, fixez les bords au profilé en U. (Une pince à riveter est un outil peu cher offert en quincaillerie.)

3 Installer les panneaux. Raccordez les profilés en U aux bouts de moulure murale et coupez les panneaux de plafond pour qu'ils s'ajustent au caisson ainsi formé. Installez les panneaux verticaux en premier ; ils sont bloqués en place quand les panneaux horizontaux sont installés. Utilisez du fil de suspension pour donner plus de support au caisson.

4 Contourner les piliers. Il y a deux façons de contourner les piliers qui pénètrent dans le plafond suspendu. Ou bien vous coupez un panneau en deux et façonnez les pièces pour qu'elles s'ajustent ou bien vous utilisez des tés additionnels pour enfermer le poteau dans un caisson. Si le panneau est coupé en deux, le joint entre les moitiés est habituellement peu évident et assez solide.

La finition des planchers

Une fois que le sous-plancher est en place, de la moquette ou du linoléum peuvent être installés de la façon habituelle. Une épaisseur additionnelle de contreplaqué est normalement requise sous le linoléum ou les carreaux de vinyle alors qu'une moquette et un sous-tapis peuvent être posés directement sur le sous-plancher.

Un plancher en bois franc peut être aménagé sur le béton mais il n'est pas recommandé sur un plancher sous le niveau du sol à cause de problèmes potentiels d'humidité. Si toutefois la dalle est vraiment très sèche, une exception pourrait être faite.

Revêtement de sol en vinyle. Si la dalle de béton est assez lisse et sèche, un revêtement de sol en vinyle ou en linoléum peut être installé directement sur le béton. Si l'humidité est un problème potentiel, installez un sous-plancher de bois avant d'installer le vinyle. Le plancher sera ainsi plus résilient, plus confortable. Certains produits de vinyle requièrent que le plancher soit entièrement noyé dans un mastic. D'autres, toutefois, n'exigent ce mastic qu'autour du périmètre pour retenir les bords.

Moquette. La plupart des moquettes ne peuvent être posées directement sur une dalle de béton à cause de la façon dont elles sont étirées entre des bandes à griffes. Plusieurs clous sont utilisés pour fixer les bandes à griffes (ce qui serait irréaliste sur une dalle de béton). Des moquettes à envers de mousse peuvent être installées directement sur le béton mais consultez le manufacturier avant de le faire – certains manufacturiers ne recommandent pas ce type d'installation à cause du potentiel de pourriture. La moquette à envers de mousse n'est pas recommandée pour les escaliers.

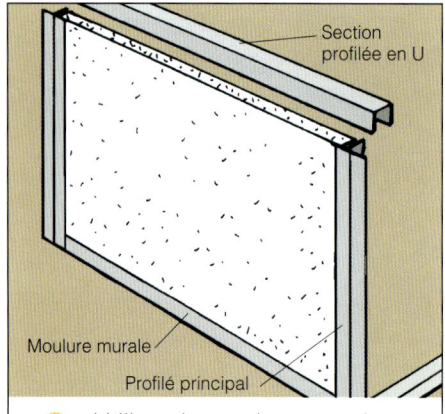

3 Utilisez la moulure murale pour raccorder les bords et installer les panneaux de plafond.

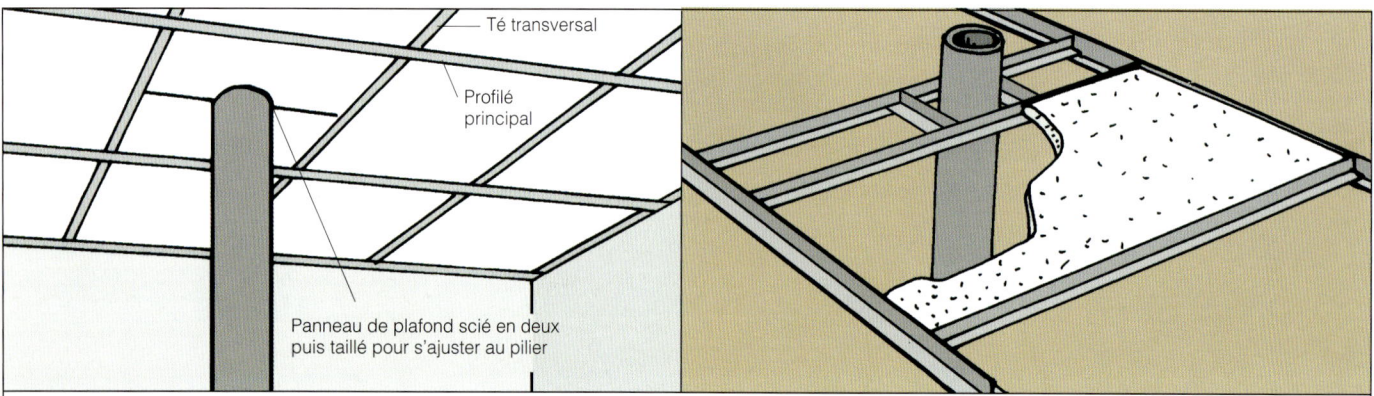

4 Pour contourner un pilier, vous pouvez couper un panneau en deux puis tailler une ouverture (gauche) ou vous pouvez ajouter des tés transversaux et de petites pièces de panneau de plafond pour l'enfermer (droite).

glossaire

Assemblage à onglet Un joint dans lequel les bouts de deux pièces de bois sont coupés à angles égaux (à 45 degrés en général) pour former un coin.

Centre-à-centre (CÀC) Un point de référence pour mesurer. Par exemple, « 20 cm CÀC » signifie 20 cm du centre d'une pièce au centre de la pièce suivante.

Cloison ou mur d'isolement Un mur qui divise un espace, une cloison qui peut être ou non portante.

Code national d'électricité L'ensemble des règlements régissant les procédures sécuritaires en électricité. Les codes locaux s'ajoutent à ce code et ne le remplacent pas.

Codes du bâtiment Règlements municipaux qui régissent des pratiques et procédures sécuritaires de construction. En général, ces codes englobent la nouvelle construction ainsi que les rénovations touchant au système électrique, à la plomberie, à la structure et aux systèmes mécaniques. Une confirmation de conformité aux codes locaux peut être exigée.

Conduit Tube de métal ou de plastique dans lequel on achemine les fils électriques.

Crampons de câbles Crampons à usage intense fixés à la charpente et utilisés pour supporter les câbles.

Dimension nominale La dimension qui identifie un bois d'œuvre comme « 2 x 4 », ce qui est un peu plus grand que la dimension réelle.

Dimensions réelles Les dimensions exactes d'une pièce de bois après qu'elle a été coupée ou surfacée et séchée. Exemple : Un 2 x 4 est en réalité un 1 1/2 x 3 1/2.

Disjoncteur Un appareil de protection qui contrôle un circuit électrique et qui coupe automatiquement l'alimentation si une surtension se produit. Peut être opéré manuellement.

Disjoncteur différentiel Un disjoncteur de sécurité qui compare la quantité de courant entrant dans un réceptacle sur le fil sous tension avec la quantité sortant par le fil blanc. S'il y a une différence de 0,005 volt, le disjoncteur différentiel coupe le circuit en une fraction de seconde. Cet appareil est requis par le code dans les endroits à grande humidité tels que salles de bains, cuisines et aires extérieures.

DWV Anglais pour *drain, waste, vent system*. Système de canalisation et d'appareils dans les murs pour la plomberie.

Feuille de polyéthylène Un matériau de plastique approprié pour retarder le passage de vapeur d'eau dans un plancher, mur ou plafond. L'épaisseur typique en est de 4, 6 ou 8 millièmes de pouce.

Inspection Chaque fois qu'un permis est requis, il est nécessaire de prévoir la date d'une inspection des lieux par un officier municipal.

Isolant rigide Panneaux d'isolant composés de divers types de plastiques. L'isolant rigide offre la meilleure valeur isolante.

Jambage La face intérieure d'une fenêtre ou porte.

Joint abouté Un joint dans lequel un morceau de bois coupé droit est fixé au bout ou à la face d'une autre pièce.

Jumelage Le processus de renforcement d'un membre structural de la charpente par l'ajout d'une pièce similaire.

Linteau Un membre structural qui forme le dessus d'une fenêtre, d'une porte ou d'un lanterneau ou d'une autre ouverture pour supporter la charpente et répartir les charges de poids. L'épaisseur d'un linteau devrait être égale à celle du mur.

Longrines Des languettes de bois placées sur un plancher de béton comme base de clouage pour le sous-plancher d'un nouveau plancher.

Murette d'encadrement de soupirail Faite de blocs de béton ou d'acier galvanisé, une murette d'encadrement de soupirail retient la terre loin d'une fenêtre située partiellement sous le niveau du sol.

Mur portant Un mur qui sert à soutenir la structure d'une maison et à distribuer son poids sur les fondations.

Pare-vapeurs Matériau, habituellement en plastique, qui bloque le passage de vapeurs d'eau.

Penny (d) Une unité de mesure d'un clou. Exemple : un clou 10d mesure 7,5 cm (3 po).

Permis Une licence accordée par un ministère ou département local qui autorise le travail de construction exhaustive sur une maison. Des réparations mineures ne requièrent habituellement pas de permis mais si vous voulez prolonger l'alimentation en eau potable ou le drainage, le système d'aération, ajouter un circuit électrique ou faire des changements structuraux, un permis pourrait être requis.

Pilier Un support vertical de charpente. Dans le sous-sol, le pilier offre un support intermédiaire pour une poutre. Dans la plupart des cas, la dalle de béton immédiatement sous un pilier a été renforcée pour distribuer les poids de structure.

Plaque de plâtre Aussi connue sous le nom de panneau de gypse ou de plâtre, un panneau de plâtre recouvert de papier pour la finition des murs et des plafonds.

Pompe de puisard Une pompe qui tire l'eau du dessous de la dalle pour l'envoyer dehors.

Poteau Appelé aussi montant, le membre vertical de l'ossature d'un mur placé aux deux bouts et habituellement tous les 16 po CÀC. Offre une structure et facilite la finition avec du contreplaqué ou des plaques de plâtre.

Radon Un gaz radioactif inodore et incolore qui provient de la dégradation naturelle de matériaux radioactifs dans le sol, la roche et l'eau. Lorsque inspiré, les molécules de radon se logent dans les poumons et peuvent causer le cancer.

Romex Une marque de câble électrique à gaine de plastique contenant au moins deux fils conducteurs.

Sablière Membre horizontal de la charpente, en général une pièce de 2 x 4 qui se situe en haut des poteaux du mur et supporte les solives de plancher.

Solives Des membres parallèles qui forment une structure supportant un plancher ou un plafond. Les solives sont supportées par les poutres ou murs portants.

Sous-plancher La surface de plancher en dessous du plancher. Fait de contreplaqué ; dans les maisons plus vieilles, il consiste probablement en planches placées en diagonale.

Tableau de distribution Le point où l'électricité produite par le service entre dans la maison.

Tuyau de renvoi Le drain principal d'une maison ; il éloigne l'eau et les déchets de la maison. Typiquement, il s'agit du plus gros tuyau du sous-sol et peut être fait de plastique ou de fonte.

Underwriters Laboratories (UL) Une organisation indépendante qui teste les produits électriques pour leur conformité avec les normes de sécurité dans diverses conditions. Les produits approuvés portent le logo UL.

Résistance thermique ou symbole R Un symbole qui représente la résistance thermique de l'isolant contre le transfert de chaleur. Plus le chiffre est élevé, meilleur est l'isolant.